2
1970

Faserforschung und Textiltechnik

WISSENSCHAFTLICH-TECHNISCHE ZEITSCHRIFT
FÜR DIE CHEMIEFASER- UND TEXTILINDUSTRIE

BEGRUNDET VON
ERICH CORRENS UND WALTER FRENZEL

HERAUSGEGEBEN VON ERICH CORRENS
WOLFGANG BOBETH — HANS BÖHRINGER — HERMANN KLARE
BURKART PHILIPP — CHRISTIAN RUSCHER

SCHRIFTLEITER J. BRÄMER UND I. RUSCHER

AUS DEM INHALT

AKADEMIE-VERLAG BERLIN

Faserforsch. u. Textiltechnik • 21. Jahrg. • Heft 2 • Seiten 49—100 • Berlin im Februar 1970

DK 678.745.2:546.265.1/.2:547.496.1 38:541.124:541.127.1:543.253:
543.27:543.422.4:543.422.6

Philipp, Burkart, Lang, Hermann, und *Dautzenberg, Horst*

Zur Umsetzung von Polyäthylenimin mit Schwefelkohlenstoff und Carbonylsulfid

Faserforsch. u. Textiltechnik **21** (1970) 2, S. 49—55. 3 Abb., 5 Tab., 22 Lit.

Aus Polyäthylenimim wurden Thiocarbaminate präparativ hergestellt und mit Hilfe einer polarographischen Untersuchungsmethode deren Bildungs- und Zersetzungs-RGK in Abhängigkeit vom pH-Wert ermittelt und mit der von niedermolekularen Aminen verglichen. Mittels einer gasanalytischen Untersuchungsmethode und durch Vergleich von IR-Spektren wurde die Thioharnstoff- bzw. Harnstoffbildung bei der Zersetzung von Polyäthyleniminidithiocarbaminat und -monothiocarbaminat bei 100 °C verfolgt.

DK 678.674'524'420--416:[678.6.01:539.412]:539.12.04:539.26

Wlochowicz, Andrzej, Turska, Eligia, und *Boryniec, Stefan*

Über den Einfluß ionisierender Strahlung auf Struktur und mechanische Eigenschaften von Polyäthylenterephthalat

Faserforsch. u. Textiltechnik **21** (1970) 2, S. 55—60. 5 Abb., 3 Tab., 20 Lit.

Bestrahlte Polyäthylenterephthalatfolien wurden auf Veränderungen der übermolekularen Struktur und der mechanischen Eigenschaften in Abhängigkeit von der Dosisgröße, der Dosisrate und der Art der Strahlung untersucht. Der Vergleich der für unbestrahlte und bestrahlte Folien erzielten Ergebnisse ergab eine Verringerung der Kristallinität und eine starke Abnahme der Zugfestigkeit. Der Verlauf der Reißdehnung in Abhängigkeit von der Dosisgröße deutet auf das gleichzeitige Auftreten von Abbau- und Vernetzungserscheinungen in bestrahlten Hochpolymeren hin.

DK 678.674'524'420:[536.495:542.92]:543.226/.227:[541.128.34:536.666]

Wiesener, Ernst

Thermogravimetrische Untersuchungen zum thermischen Abbau von Polyäthylenterephthalat

Faserforsch. u. Textiltechnik **21** (1970) 2, S. 61—66. 8 Abb., 4 Tab., 22 Lit.

Der thermische Abbau von Polyäthylenterephthalat wurde im Temperaturbereich von Zimmertemperatur bis 500 °C untersucht. Mit zunehmender Aufheizgeschwindigkeit steigen die charakteristischen Abbautemperaturen an. In Anwesenheit von Luft beginnt der thermische Abbau ca. 50 grd früher als unter Stickstoffatmosphäre. Die charakteristischen Parameter des Abbauvorganges sind unabhängig von der rel. Molekülmasse und der Herstellungstechnologie des Polyäthylenterephthalates. Die maximale Abbaugeschwindigkeit wurde bei ca. 445 °C festgestellt. Bei Versuchen unter isothermen Heizbedingungen wurde die Aktivierungsenergie des thermischen Abbaus bestimmt.

DK 677.463:677.46.021.5:677.46.021.524:537.533.35:539.25

Gröbe, Anneliese, und *Gensrich, Heinz Jürgen*

Elektronenmikroskopische Untersuchungen an Ultradünnschnitten von Celluloseregeneratfäden

Teil III. Die Struktur von Gelfäden unter variierten Fäll- und Spinnbedingungen

Faserforsch. u. Textiltechnik **21** (1970) 2, S. 67—77. 10 Abb., 2 Tab., 31 Lit.

Es wurden Strukturuntersuchungen an Gelfäden durchgeführt, die in Lösungen von $(NH_4)_2SO_4$, Na_2SO_4, H_2SO_4 und $ZnSO_4$ ersponnen wurden. Die Gelstruktur aller Fäden ist durch eine dreidimensional-netzartige Anordnung der Strukturelemente gekennzeichnet, wobei die Geometrie des Netzes sowie die Größe der Strukturelemente und der Hohlräume in Abhängigkeit von den Koagulatoren und den Verzugskräften variieren.

DK 677.494:612.6.02:616.1-089.28:611.126 089.28:612.014.4:542.92

Schwertassek, Karl, und *Dvořák, Jan*

Beitrag zum Studium des Abbaues von Synthesefaserstoffen im lebenden Organismus

Faserforsch. u. Textiltechnik **21** (1970) 2, S. 78—83. 11 Ab., 8 Lit.

Zur Untersuchung von Synthesefaserstoffen, die zur Implantation im lebenden Organismus verwendet werden sollen (chirurgische Nähfaden, Gefäßprothesen, Herzklappen u. a.), wurden Proben im Muskel eines Versuchshundes implantiert und nach verschiedenen Zeiten auf Abbauerscheinungen untersucht. Außerdem wurde eine Gefäßprothese aus Polyesterfasern, die nach 8½ Jahren einem menschlichen Organismus entnommen wurde, mikroskopisch untersucht. Während Polyamidfaserstoffe zum Einsatz als Austauschorgane ungeeignet sind, lassen sich insbesondere Polyesterfaserstoffe mit Erfolg zur Herstellung verschiedener Arten von Prothesen verwenden. Zur Vermeidung von Ermüdungs- und Schädigungserscheinungen, die auch bei ihnen nach langjährigem Gebrauch auftreten, werden Maßnahmen empfohlen.

DK 677.494.675:677.494.021.922:677.494.021.925:531.754

Winkler, Friedrich, Götze, Wolfgang, und *Homann, Gerhard*

Dichtebestimmung an Faserstoffen

IV. Eigene Untersuchungen an Polyamidfaserstoffen

Faserforsch. u. Textiltechnik **21** (1970) 2, S. 84—91. 8 Abb., 1 Tab., 18 Lit.

An verschieden thermisch oder mechanisch vorbehandelten Polyamidfaserstoffen wurden Dichteuntersuchungen durchgeführt. Die Meßergebnisse werden tabellarisch und graphisch dargestellt und diskutiert. Als Vergleich zu den eigenen Ergebnissen werden Dichtewerte aus der Literatur mit aufgeführt.

Kurze Mitteilungen

DK 678.674'524'420:678.675'126:532.13.08:66.062.551:66.062.412.42-13:
541.8

Rafler, Gerald, und Reinisch, Gerhard

Viskositätsverhalten von Polycaprolactam in Phenol/Tetrachloräthan-Gemischen

Faserforsch. u. Textiltechnik **21** (1970) 2, S. 91—93. 3 Abb., 4 Tab., 7 Lit.

Die Zeitschrift „Faserforschung und Textiltechnik" erscheint monatlich in Heften zu 48 Textseiten im Format A 4. Der Preis für das Einzelheft beträgt M 15,– (Sonderpreis für DDR M 9,–), für den Vierteljahrbezug M 45,– (Sonderpreis für DDR M 27,–), zuzügl. Bestellgeld. Die Berechnung erfolgt zu Beginn eines Vierteljahrs für 3 Hefte. Bestellungen aus dem Gebiet der Deutschen Demokratischen Republik an ein Postamt, eine Buchhandlung oder den Verlag, aus der Deutschen Bundesrepublik an eine Buchhandlung oder die Auslieferungsstelle Kunst und Wissen, Erich Bieber, 7 Stuttgart 1, Wilhelmstraße 4–6, aus dem Ausland an eine Importbuchhandlung, den Deutschen Buch-Export und -Import GmbH., 701 Leipzig, Postschließfach 276, oder den Akademie-Verlag GmbH., 108 Berlin, Leipziger Str. 3–4 (Fernruf: 220441; Telex-Nr. 0112020; Postscheckkonto 35021) erbeten. Bestellnummer dieses Heftes: 1014/21/2. Alleinige Anzeigenannahme DEWAG-WERBUNG, 102 Berlin, Rosenthaler Str. 28/31, und alle DEWAG-Betriebe in den Bezirksstädten der DDR. – Bestellungen in der UdSSR nehmen entgegen: Städtische Abteilungen von „SOJUZPECHATJ" bzw. Postämter und Postkontore.

Herausgeber und verantwortlich für den Inhalt: Prof. Dr. Erich Correns, Institut für Faserstoff-Forschung der Deutschen Akademie der Wissenschaften zu Berlin, 153 Teltow-Seehof, Fernruf: Teltow 4831; Prof. Dr.-Ing. habil. Wolfgang Bobeth, Institut für Technologie der Fasern der Deutschen Akademie der Wissenschaften zu Berlin, 801 Dresden, Hohe Str. 6, Fernruf: 44721; Prof. Dr.-Ing. Hans Böhringer. Institut für Textiltechnologie der Chemiefasern Rudolstadt, Fernruf: Rudolstadt 2031; Prof. Dr. Hermann Klare, Prof. Dr. habil. Burkart Philipp und Dr. Christian Ruscher, Institut für Faserstoff-Forschung der Deutschen Akademie der Wissenschaften zu Berlin, 153 Teltow-Seehof, Fernruf: Teltow 4831. Schriftleiter: Joachim Brämer und Dipl.-Chem. Ingeborg Ruscher, 153 Teltow-Seehof, Kantstr. 55. Verlag: Akademie-Verlag GmbH., 108 Berlin, Leipziger Str. 3–4. Satz und Druck: Druckhaus „Maxim Gorki", 74 Altenburg. – Veröffentlicht unter der Lizenznummer 1280 des Presseamtes beim Vorsitzenden des Ministerrates der Deutschen Demokratischen Republik.

Manuskriptsendungen sind an einen der Herausgeber oder die Schriftleitung zu richten. Für Inhalt und Form gelten die „Richtlinien für die Annahme und Abfassung von Beiträgen", erhältlich von der Schriftleitung. Die Verfasser größerer wissenschaftlicher Arbeiten erhalten außer dem Honorar ein Heft und 50 Sonderdrucke ihrer Arbeit unentgeltlich. Nachdrucke sowie Übersetzungen in fremde Sprachen des Inhalts dieser Zeitschrift und deren Verbreitung – auch auszugsweise mit Quellenangabe – bedürfen der schriftlichen Vereinbarung mit dem Verlag.

Faserforschung und Textiltechnik

WISSENSCHAFTLICH-TECHNISCHE ZEITSCHRIFT FÜR DIE CHEMIEFASER- UND TEXTILINDUSTRIE

Band 21 | Februar 1970 | Heft 2

Zur Umsetzung von Polyäthylenimin mit Schwefelkohlenstoff und Carbonylsulfid

Burkart Philipp, Hermann Lang und Horst Dautzenberg

Deutsche Akademie der Wissenschaften zu Berlin, Institut für Faserstoff-Forschung in Teltow-Seehof

DK 678.745.2:546.265.1/.2:547.496.1—38:541.124:541.127.1:543.253:543.27:543.422.4:543.422.6

Aus Polyäthylenimin wurden Thiocarbaminate präparativ hergestellt und mit Hilfe einer polarographischen Untersuchungsmethode deren Bildungs- und Zersetzungs-RGK in Abhängigkeit vom pH-Wert ermittelt und mit der von niedermolekularen Aminen verglichen. Mittels einer gasanalytischen Untersuchungsmethode und durch Vergleich von IR-Spektren wurde die Thioharnstoff- bzw. Harnstoffbildung bei der Zersetzung von Polyäthyleniminditthiocarbaminat und -monothiocarbaminat bei 100 °C verfolgt.

К вопросу о взаимодействии полиэтиленимина с сероуглеродом и сероокисью углерода

В препаративном масштабе получены тиокарбаматы из полиэтиленимина, константы скорости реакций образования и разложения которых определены в зависимости от значения pH полярографическим путем. Полученные результаты сравнены с таковыми низкомолекулярных аминов. Методами газового анализа и ИК-спектроскопии изучены реакции образования тиомочевины и мочевины в процессе разложения полиэтилениминдитиокарбамата и -монотиокарбамата при 100 °C.

Reaction of Polyethyleneimine with Carbon Disulfide and Carbonylsulfide

The rate constants of formation and decomposition of thiocarbamates obtained from polyethyleneimine were investigated polarographically in dependence on the pH-value applied and compared with those of low molecular weigth amines. The formation of urea and thiourea during the decomposition of polyethyleneimine dithiocarbamate and monothiocarbamate at 100 °C was followed by a gasanalytic method and IR-spectroscopy.

1. *Einführung*

Nachdem wir bei unseren Arbeiten zur Bildung und Zersetzung von Mono- und Dithiocarbaminaten neben einfachen Aminen auch solche mit mehreren Aminogruppen bereits herangezogen hatten [1, 2], soll hier über Entstehung und Verhalten der entsprechenden Derivate des Polyäthylenimins (PÄI) berichtet werden. Hierzu wurden uns bisher lediglich Mitteilungen von *Okawara* u. a. [3, 4] bekannt, die PÄI-Dithiocarbaminate und PÄI-Dithiocarbaminsäureester präparativ herstellten, um sie unter Ausnutzung der Möglichkeit einer radikalischen Zersetzung der Dithiocarbaminatgruppe im UV-Licht als Stammpolymere für Pfropfungsreaktionen zu verwenden. Außerdem wird in einer älteren Arbeit von *Sönnerskog* [5] als Ursache einer Viskositätszunahme im System Viskose/PÄI neben einer Thiourethanbildung auch die Entstehung von Dithiocarbaminat- und Thioharnstoff-Gruppierungen diskutiert. Ziel unserer eigenen Arbeit war neben präparativen und analytischen Untersuchungen zur Reaktion zwischen PÄI und CS_2 bzw. COS ein Vergleich der Dithiocarbaminat-Bildungsgeschwindigkeit von niedermolekularen und polymeren Aminen und eine Betrachtung des Zersetzungsverlaufes in Abhängigkeit vom pH-Wert, ebenfalls in Gegenüberstellung zu niedermolekularen Dithiocarbaminaten.

2. *Experimentelle Untersuchungen und ihre Auswertung*

2.1. *Charakterisierung der Ausgangspräparate*

Polyäthylenimin stand uns in Form handelsüblicher wäßriger Lösungen zur Verfügung, nämlich als

„Polymin P“ (BASF Ludwigshafen), ca. 50%ige PÄI-Lösung mit einem DP von 54 nach [6, 7] und
„PEI 1000“ (Dow Chemical Co. Midland/Mich., USA), ca. 35%ige PÄI-Lösung mit einem DP von 383[1]).

[1]) Für die freundliche Überlassung eines Musters danken wir der Firma Heinz H. Pietzsch, West-Berlin.

Beide Muster lagen im pH-Wert bei etwa 11 und waren mit Wasser und mit 1m wäßriger NaOH beliebig mischbar. Beim Verdünnen der klaren handelsüblichen Lösung mit Wasser trat eine durch Filtration oder Zentrifugieren nicht entfernbare Trübung auf, die möglicherweise auf einzelne sehr große vernetzte Agrregate zurückzuführen ist [8]. Eine acidimetrische Titration in verdünnter wäßriger Lösung ergab einen Säureverbrauch entsprechend 66% (bei Polymin P) bzw. 60% (bei PEI 1000) des nach *Kjeldahl* bestimmten N-Gehaltes, während durch Titration mit Perchlorsäure in Eisessig 81% (Polymin P) bzw. 86% (PEI 1000) des N-Gehaltes erfaßt wurden. In Übereinstimmung mit anderen Bearbeitern [9 bis 12] darf man für beide Präparate eine erhebliche Kettenverzweigung annehmen, die zur Ausbildung sehr schwach basischer tertiärer N-Gruppierungen führt. Nach [10] sollen in PÄI-Präparaten bis zu 30 mol% des Gesamtstickstoffs als tertiäre N-Gruppierungen vorliegen.

2.2. *Präparative und analytische Untersuchungen zur Umsetzung von PÄI mit CS_2 und COS*

Zur Herstellung des *inneren Aminsalzes* der PÄI-Dithiocarbaminsäure wurde 1 grundmolare „Polymin-P“-Lösung während 1 h bei 20 °C mit unterschiedlichen Mengen an CS_2 unter Schütteln umgesetzt. Bei genügend hohem CS_2-Zusatz schied sich rasch eine weiße Fällung ab, die nach Absaugen des überschüssigen CS_2 abzentrifugiert, nacheinander mit Wasser, Äthanol und Äther gewaschen und bei 20 °C im Vakuum getrocknet wurde. Nach längerer Aufbewahrung färbte sich das Präparat gelblich.

Eine wäßrige Lösung des *Na-Salzes* der PÄI-Dithiocarbaminsäure wurde unter gleichen Versuchsbedingungen hergestellt, wobei das Reaktionsgemisch zusätzlich 1 mol/l NaOH enthielt. Eine Fällung trat hier erst nach Neutralisieren auf, wobei es sich offensichtlich wieder um innere Amin-Salze der PÄI-Dithiocarbamin-

Tabelle 1. Analytische Zusammensetzung von PÄI-Dithiocarbaminaten

Eingesetztes molares Verhältnis $\frac{\text{Grundmol PÄI}}{\text{mol } CS_2}$	Reaktionsbedingungen	Analytische Zusammensetzung % N	% S	Verhältnis N/S_2
0,5 (Polymin P)	ohne NaOH	18,6	29,2	2,90
1	,, ,,	18,7	29,0	2,94
5	,, ,,	21,5	20,2	4,77
0,5 (Polymin P)	mit NaOH	15,2	22,7	2,97
1	Fällung durch	18,2	27,3	3,05
5	Neutralisation	18,8	23,4	3,62
1 (Polymin P)	mit NaOH-Lösung aufgearbeitet	1,88	4,96	1,73
1 (PEI 1000)	ohne NaOH	19,17	30,3	2,89
1 (PEI 1000)	mit NaOH-Lösung aufgearbeitet	1,19	3,37	1,61

säure handelte. Das in wäßriger NaOH mit CS_2-Überschuß in Lösung erhaltene Na-Salz wurde unter Durchleiten von Stickstoff vom CS_2 befreit, dann zur Entfernung niedermolekularer schwefelhaltiger Anionen einem Ionenaustausch mit Wofatit SBW unterworfen und in dieser Form für die weiteren Untersuchungen eingesetzt.

Die analytische Zusammensetzung der erhaltenen Präparate wie auch eines aus „PEI 1000" erhaltenen Produkts zeigt Tabelle 1, wobei die N-Bestimmung nach *Kjedahl*, die S-Bestimmung nach *Schöniger* erfolgte.

Zur Gewinnung eines inneren Aminsalzes der PÄI-Monothiocarbaminsäure wurde eine 1 grundmolare „Polymin-P"-Lösung mit gasförmigem COS im Überschuß (ca. 1,2 mol COS pro Grundmol PÄI) bei 20 °C umgesetzt und das ausfallende weiße Produkt wie beschrieben gewaschen und getrocknet. Aus dem N-Gehalt von 19,6% und dem S-Gehalt von 13,9% ergab sich ein molares Verhältnis $N/S = 3{,}2$ in weitgehender Übereinstimmung mit dem für PÄI-Dithiocarbaminat gefundenen Wert von $N/S \sim 3{,}0$.

Nach den Ergebnissen unserer präparativen und analytischen Untersuchungen setzt sich bei der Herstellung der inneren Aminsalze nur etwa eines von drei Stickstoffatomen der PÄI-Kette mit CS_2 bzw. COS um, während eine weitere Aminogruppe als Kation zur Salzbildung benötigt wird und das dritte N-Atom offensichtlich nicht an der Reaktion teilnimmt. Im Einklang hiermit reagieren unter den Bedingungen der Bildung eines Na-Dithiocarbaminats des PÄI etwa 2 von 3 N-Atomen, während das dritte wiederum unbeteiligt bleibt, da es offensichtlich in Form von tertiären Aminogruppen vorliegt, in Übereinstimmung mit den Ergebnissen einer acidimetrischen Titration des Ausgangsproduktes.

2.3. *Kinetische Untersuchungen zur Umsetzung von PÄI mit CS_2*

Wie für die Umsetzung niedermolekularer Amine bereits ausführlich beschrieben [1], wurde auch für PÄI die RGK der homogenen Umsetzung mit CS_2 aus der zeitlichen Abnahme der CS_2-Stufe bei praktisch konstant bleibender PÄI-Konzentration und konstantem pH-Wert ermittelt. Ähnlich wie für das von uns untersuchte Diäthylentriamin konnte auch für PÄI nur eine mittlere RGK der Dithiocarbaminatbildung erhalten werden, ohne daß sich eine Aufschlüsselung auf primäre und sekundäre Aminogruppen vornehmen ließ. Die Ergebnisse sollen anhand von Tabelle 2 besprochen werden.

Wie bei niedermolekularen Aminen steigt auch bei PÄI die scheinbare RGK $_2k_B'$ der Dithiocarbaminatbildung mit dem pH-Wert an, indem bei niedrigem pH-Wert infolge teilweiser Protonisierung die tatsächliche Konzentration an freien, zur Umsetzung mit CS_2 befähigten Amino- und Iminogruppen geringer ist als die analytische Gesamtkonzentration der für eine Thiocarbaminatbildung in Frage kommenden Gruppen entsprechend ca. 70% des Gesamtstickstoffs. Eine Abschätzung der mittleren Basizitätskonstanten des PÄI aus der pH-Abhängigkeit von $_2k_B''$ liefert einen Wert von etwa $3 \cdot 10^{-5}$, der größenordnungsmäßig mit der Konstanten für die erste Dissoziationsstufe des Diäthylentriamins übereinstimmt und der zwischen den aus Angaben von *Shepherd* und *Kitchener* [13] erhaltenen Basizitätskonstanten von $K_{-NH-} = 6{,}7 \cdot 10^{-5}$ und $K_{-NH_2} = 0{,}67 \cdot 10^{-5}$ für Imino- und Aminogruppen des PÄI liegt. Die Tatsache, daß die aus der pH-Abhängigkeit von $_2k_B''$ abgeschätzte mittlere Dissoziationskonstante K näher an K_{-NH-} als an K_{-NH_2} liegt, könnte darauf hinweisen, daß ähnlich wie bei niedermolekularen Aminen auch bei PÄI die $>$NH-Gruppen rascher mit CS_2 reagieren als die $-NH_2$-Gruppen.

Mit einem Wert von ca. 15 min^{-1} l mol^{-1} (20 °C) ist die auf reaktionsfähige Amino- bzw. Iminogruppen bezogene RGK $_2k_B''$ der Dithiocarbaminatbildung für PÄI um mehr als eine Zehnerpotenz höher als bei dem als Modellsubstanz am ehesten vergleichbaren Diäthylentriamin (vgl. [1]) und liegt immer noch doppelt so hoch im Vergleich zu $_2k_B$ bei dem ausschließlich rasch reagierende Iminogruppen enthaltenden Diäthylamin. Die $>$NH-Gruppen des PÄI reagieren also offensichtlich wesentlich rascher mit CS_2 als solche in vergleichbaren niedermolekularen Aminen, wobei der DP der PÄI-Kette oberhalb einer bestimmten Grenze keine wesentliche Rolle mehr spielt, denn die Verwendung von „PEI 1000" anstelle von „Polymin P" führte keinesfalls zu einer weiteren Erhöhung, sondern vielmehr zu einem Absinken der RGK $_2k_B''$, wobei allerdings auch eine etwas andere N-Verteilung auf primäre und sekundäre Aminogruppen eine Rolle spielen könnte.

Aus der Temperaturabhängigkeit von $_2k_B''$ der PÄI-Dithiocarbaminatbildung ist zu schließen, daß die gegenüber niedermolekularen Aminen viel höheren Bildungs-RGK vor allem auf Unterschiede in der Aktivierungsentropie bei annähernd gleichen Aktivierungsenthalpien (vgl. Tabelle 3) zurückzuführen ist, ganz analog den bereits früher von uns diskutierten Unterschieden in $_2k_B$ zwischen primären und sekundären niedermolekularen Aminen (vgl. [1]).

Die hohe Umsetzungsgeschwindigkeit zwischen CS_2 und PÄI veranlaßte uns, die Möglichkeit einer Dithiocarbaminatbildung bei Zugabe von PÄI zu CS_2-abspaltenden Systemen, u. a. zu einer wäßrigen Lösung

Tabelle 2. RGK der PÄI-Dithiocarbaminatbildung

Reaktionsmedium	Präparat	pH-Wert	°C	c Grundmole PÄI/l	$_2k_B'$ min^{-1} l mol^{-1}	$_2k_B''$ min^{-1} l mol^{-1}
0,1 n NaOH	Polymin P	13	0,3	0,049	0,737 0,745	1,11 1,12
0,1 n NaOH	Polymin P	13	10	0,0196	2,88 2,95	4,32 4,43
0,1 n NaOH	Polymin P	13	20	0,0098	9,3 10,1	14,0 15,2
Phosphatpuffer 0,1 m an Phosphationen	Polymin P	12	20	0,0098	10,5 10,7 11,4	15,8 16,1 17,1
Phosphatpuffer 0,1 m an Phosphationen	Polymin P	11	20	0,0196	9,70 9,85	14,6 14,8
Phosphatpuffer 0,1 m an Phosphationen	Polymin P	10	20	0,0490	7,63 7,63	11,5 11,5
Phosphatpuffer 0,1 m an Phosphationen	Polymin P	9	20	0,0980	1,94 1,94 1,96	2,92 2,92 2,94
0,1 n NaOH	PEI 1000	13	20	0,0114	6,3 7,6	9,4 11,4
Phosphatpuffer 0,1 m an Phosphationen	PEI 1000	12	20	0,014	6,9 6,9	10,3 10,3
Phosphatpuffer 0,1 m an Phosphationen	PEI 1000	11	20	0,0228	6,2 6,3	9,3 9,4
Phosphatpuffer 0,1 m an Phosphationen	PEI 1000	10	20	0,0228	4,0 4,1	6,0 6,1
Phosphatpuffer 0,1 m an Phosphationen	PEI 1000	9	20	0,057	1,28 1,35	1,9 3,4

$_2k_B'$ = mittlere scheinbare Bildungs-RGK 2. Ordnung, bezogen auf die nach *Kjeldahl* ermittelte Gesamt-N-Konzentration
$_2k_B''$ = mittlere scheinbare Bildungs-RGK 2. Ordnung, berechnet unter der Voraussetzung, daß nur $^2/_3$ des Gesamt-N auf primäre und sekundäre Aminogruppen entfallen

von Trithiocarbonat zu prüfen, das ja nach $CS_3'' + H^{\cdot} \rightleftharpoons HCS_3' \rightleftharpoons CS_2 + SH'$ mit freiem CS_2 in einem Dissoziationsgleichgewicht steht [4]. Wir bedienten uns hierzu einer spektralfotometrischen Arbeitsmethodik (vgl. [15 bis 20]), nachdem Vorversuche ergeben hatten, daß das UV-Spektrum des PÄI-Dithiocarbaminats zwar etwas von dem niedermolekularer Dithiocarbaminate abweicht, jedoch trotzdem über eine Extinktionsmessung bei 290 nm (molarer Extinktionskoeffizient E_{290} = 15200, auf eine Dithiocarbaminatgruppe bezogen) eine quantitative Bestimmung neben Trithiocarbonat (Hauptbande bei 336 nm, E_{336} = 19000) gestattet (vgl. Bild 1). Zur Vermeidung unerwünschter Oxydationsvorgänge an den sulfidischen Anionen wurde dem Reaktionsgemisch stets 1‰ KCN zugesetzt. Eine 10^{-4} molare wäßrige Lösung von Na_2CS_3, die zugleich 10^{-4} mol/l reaktionsfähiger Aminogruppen in Form von PÄI ent-

Tabelle 3. Temperaturabhängigkeit von $_2k_B$ der Dithiocarbaminatbildung

Amin	$_2k_B$ (20 °C) min^{-1} l mol^{-1}	E_A	ΔH^*	ΔS^* cal/mol · Grad
		kcal/mol		
Äthylamin	0,63	19,7	19,2	−1,9
Diäthylamin	8,4	20,0	19,5	+4,1
PÄI	15	21,0	20,4	+8,3

Bild 1. UV-Spektren von Dithiocarbaminaten sowie von Trithiocarbonat

1 Dithiocarbaminat von Polyäthylenimin (c_{DTA}-Gruppen = 0,89 · 10^{-4} mol/l) in 0,1 m NaOH, 1‰ CN′
2 Dithiocarbaminat von Polyäthylenimin (c_{DTA}-Gruppen = 0,89 · 10^{-4} mol/l) in 0,05 m Na_2CO_3-Lösung, 1‰ CN′, pH = 11,0
3 Dithiocarbaminat von Polyäthylenimin (c_{DTA}-Gruppen = 0,89 · 10^{-4} mol/l) in 0,1 m NaOH ohne CN′ nach 24 h Stehen bei 20°C
4 Diäthyldithiocarbaminat in 0,1 m NaOH, 1‰ CN′ (c_{DTA} = 1,0 · 10^{-4} mol/l)
5 Na_2CS_3 in 0,1 m NaOH, 1‰ CN′ ($c_{Na_2CS_3}$ = 0,80 · 10^{-4} mol/l)

Tabelle 4. PÄI-Dithiocarbaminatbildung aus PÄI und Trithiocarbonat (20 °C)

Versuchsbedingungen	RG der DTA-Bildung mol l^{-1} min^{-1}	RG der CS_2-Bildung aus CS_3''-Zersetzung nach [14] mol l^{-1} min^{-1}
pH = 11; 0,1 n Na_2CO_3, 0,05 mol/l Na_2CS_3, 0,1 mol/l reaktionsfähige Aminogruppen	$1{,}2 \cdot 10^{-6}$	$2 \cdot 10^{-6}$
pH = 13; 0,1 n NaOH, 0,01 mol/l Na_2CS_3, 0,2 mol/l reaktionsfähige Aminogruppen	$5 \cdot 10^{-8}$	$4{,}2 \cdot 10^{-8}$

hielt und einen pH-Wert zwischen 10 und 11 aufwies, hatte sich nach 20 h Stehenlassen bei 20 °C zu ca. 65% zum PÄI-Dithiocarbaminat umgesetzt.

Die Geschwindigkeit der Dithiocarbaminatbildung nahm mit steigendem pH-Wert ab und zeigte eine befriedigende Übereinstimmung mit der aus Daten von *Hovenkamp* [14] zur Trithiocarbaminatzersetzung nach $CS_3'' + H^\cdot \rightarrow CS_2 + SH'$ für die jeweiligen Versuchsbedingungen errechneten Geschwindigkeit der CS_2-Bildung aus CS_3'' (Tabelle 4).

Man darf aus diesen Zahlenwerten schließen, daß die Umsetzung zwischen PÄI und CS_3'' zum Dithiocarbaminat nicht etwa durch ein direktes Reagieren beider Komponenten, sondern wie erwartet über eine vorgelagerte geschwindigkeitsbestimmende „Dissoziationsreaktion" des Trithiocarbonats abläuft.

2.4. Untersuchungen zur Zersetzung der PÄI-Thiocarbaminate in wäßriger Lösung

Unter Verwendung unserer früher beschriebenen Apparatur [21] verfolgten wir den Zersetzungsverlauf in Abhängigkeit von pH-Wert und Temperatur, indem das im Zersetzungskolben aus PÄI-Thiocarbaminateinwaagen zwischen 50 und 200 mg (bzw. einer entsprechenden Menge wäßrig-alkalischer Lösung dieser Substanzen) mittels Säure oder Pufferlösung freigesetzte H_2S und CS_2 bzw. COS im N_2-Strom in die mit Zn-Acetatlösung bzw. alkoholischer KOH gefüllten Vorlagen übergetrieben und als ZnS und K-Äthylxanthogenat bzw. K-Äthylmonothiocarbonat quantitativ bestimmt wurde. Außerdem wurden die vor allem bei höherem pH-Wert im Zersetzungskolben ausfallenden Rückstände isoliert und IR-spektroskopisch untersucht, wobei wir diese Spektren sowohl mit denen des Ausgangsproduktes wie auch mit N-N'-Äthylenthioharnstoff verglichen. Bei pH = 1 wird aus frisch hergestelltem PÄI-Dithiocarbaminat unabhängig vom Substitutionsgrad des Präparats der Schwefel quantitativ als CS_2 abgespalten. Mit steigendem pH-Wert bei der Zersetzung sinkt die abgespaltene CS_2-Menge, und es wird ein zunehmender Anteil des Gesamtschwefels als H_2S freigesetzt (Bild 2). Stellt man anhand von Bild 2 eine „Schwefelbilanz" auf, so ergibt sich ein mit dem pH-Wert zunehmendes Defizit, das im isolierten Zersetzungsrückstand weitgehend wiedergefunden wird und etwa der als H_2S abgespaltenen Menge entspricht. Die Zersetzungs-Temperatur beeinflußt im untersuchten Bereich zwischen 50 und 100 °C das Verhältnis von H_2S zu

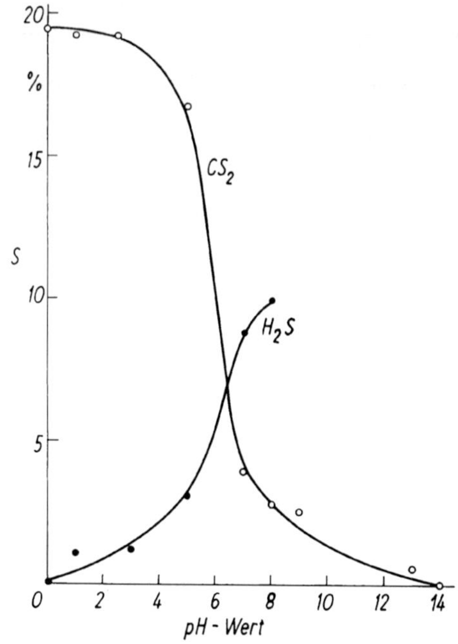

Bild 2. Zersetzung von Polyäthylenimindithiocarbaminat bei 100 °C in Abhängigkeit vom pH-Wert

CS_2 nur geringfügig; es ist also für beide miteinander konkurrierende Zersetzungsreaktionen eine annähernd gleiche Aktivierungsenergie anzunehmen. In Übereinstimmung mit unseren Ergebnissen zur Zersetzung von Dithiocarbaminaten des Äthylendiamins [2] stieg auch bei PÄI-Dithiocarbaminat der bei pH = 8 noch als CS_2 abgespaltene Anteil am Gesamtschwefel mit dem Substitutionsgrad („SG"), und zwar von ~ 7% bei einem SG von ca. 0,5 mol CS_2 pro mol umsetzbarer >NH- bzw. $-NH_2$-Gruppen auf ~57% bei einem SG von etwa 1. All diese experimentellen Tatsachen legen die Annahme nahe, daß neben der bei niedrigem pH-Wert begünstigten CS_2-Abspaltung als zweite Zersetzungsreaktion eine intra- oder auch intermolekulare Thioharnstoffbildung aus PÄI-Dithiocarbaminat unter Abspaltung einer äquivalenten Menge an H_2S stattfindet. Für diesen bereits von *Sönnerskog* [5] vermuteten Mechanismus sprechen auch die in Bild 3 gezeigten IR-Spektren. Bei dem aus dem Zersetzungskolben isolierten Rückstand handelt es sich mit Sicherheit nicht um unzersetztes PÄI-Dithiocarbaminat; das Spektrum des Zersetzungsrückstandes ähnelt vielmehr dem eines N-N'-Äthylenthioharnstoffs, wenn auch bei dieser niedermolekularen Verbindung — offenbar infolge besserer kristalliner Ordnung — zahlreichere und ausgeprägtere Banden auftreten. Schließt man aus der bei pH = 8 abgespaltenen H_2S-Menge auf den Anteil an Thioharnstoffgruppen im Zersetzungsrückstand, so ergibt sich, daß ziemlich unabhängig von der Zersetzungstemperatur und vom Substitutionsgrad des Ausgangspräparats ca. 50 bis 60% aller Amino- und Iminogruppen über solche Thioharnstoffbindungen intra- oder intermolekular verknüpft sein müssen. In stärker alkalischer Lösung wird die Stabilität eines PÄI-Dithiocarbaminats ausschließlich durch die Geschwindigkeit dieser unter Sulfidabspaltung verlaufenden Thioharnstoffbildung be-

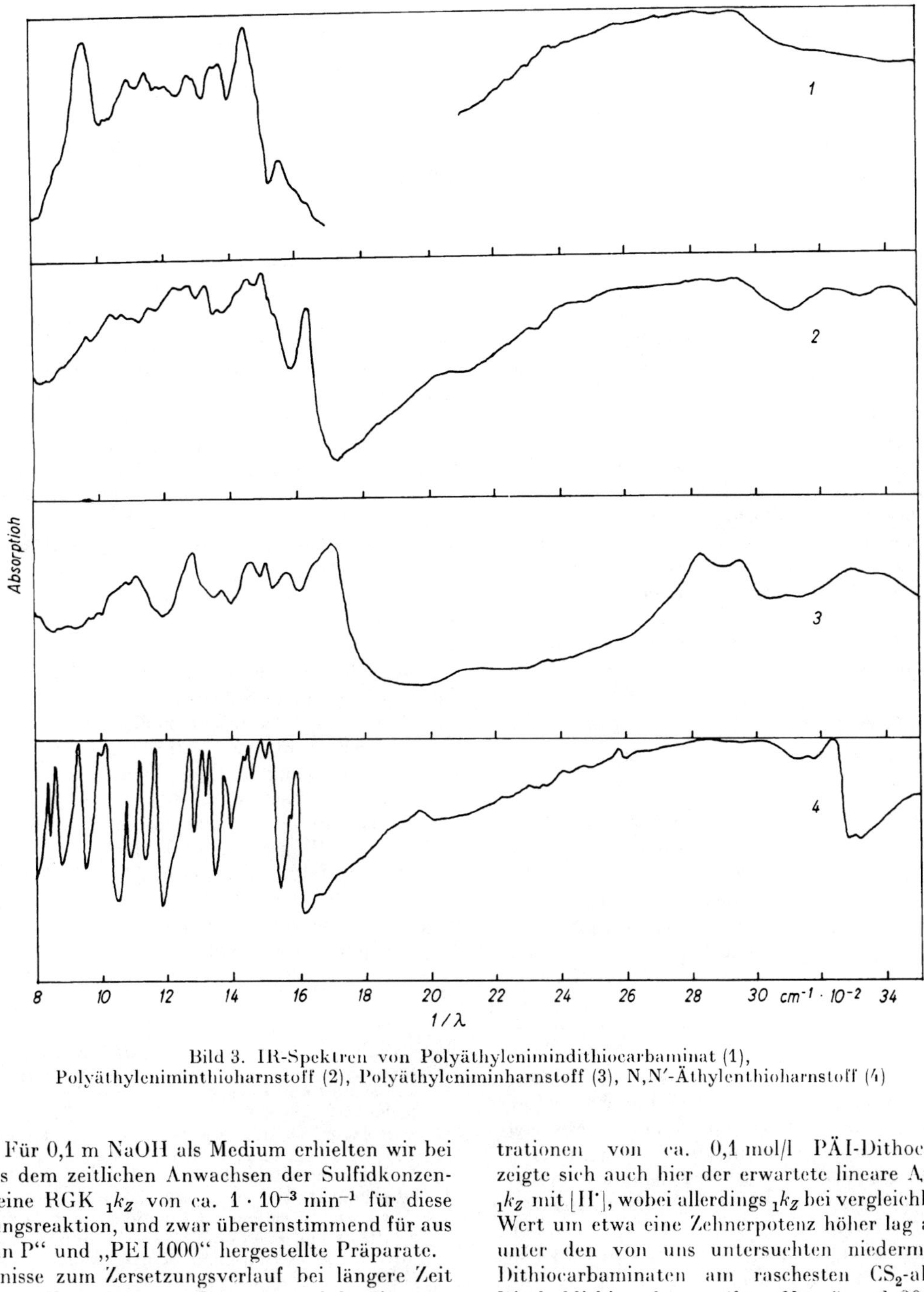

Bild 3. IR-Spektren von Polyäthyleniminditiocarbaminat (1), Polyäthyleniminthioharnstoff (2), Polyäthyleniminharnstoff (3), N,N'-Äthylenthioharnstoff (4)

stimmt. Für 0,1 m NaOH als Medium erhielten wir bei 20 °C aus dem zeitlichen Anwachsen der Sulfidkonzentration eine RGK $_1k_Z$ von ca. $1 \cdot 10^{-3}$ min^{-1} für diese Zersetzungsreaktion, und zwar übereinstimmend für aus „Polymin P" und „PEI 1000" hergestellte Präparate.

Ergebnisse zum Zersetzungsverlauf bei längere Zeit als isolierte Festsubstanz gelagerten und bereits verfärbten PÄI-Dithiocarbaminaten deuten darauf hin, daß hier bereits durch die Lagerung bei Raumtemperatur neben der vor allem von *Okawara* u. a. [3, 4] erörterten radikalischen Zersetzung der Dithiocarbaminatgruppen eine gewisse Thioharnstoffbildung eingetreten ist.

In einigen orientierenden kinetischen Meßreihen wurde die Geschwindigkeit der CS_2-Abspaltung aus PÄI-Dithiocarbaminat im pH-Bereich 9 bis 10,5 bestimmt, um die nach unserer früher beschriebenen polarographischen Methodik [1, 22] erhaltene RGK $_1k_Z$ mit den für niedermolekulare Dithiocarbaminate gefundenen Werten vergleichen zu können. Bei Ausgangskonzentrationen von ca. 0,1 mol/l PÄI-Dithocarbaminat zeigte sich auch hier der erwartete lineare Anstieg von $_1k_Z$ mit $[H^+]$, wobei allerdings $_1k_Z$ bei vergleichbarem pH-Wert um etwa eine Zehnerpotenz höher lag als für das unter den von uns untersuchten niedermolekularen Dithiocarbaminaten am raschesten CS_2-abspaltende Diäthyldithiocarbamat (für pH = 9 und 20 °C $_1k_Z$ = 10^{-5} min^{-1} für Diäthyldithiocarbaminat und $_1k_Z$ = 10^{-4} min^{-1} für Dithiocarbaminat).

Obwohl der Anteil der CS_2-Abspaltung an der Gesamtzersetzung bei diesem pH-Wert gegenüber der Thioharnstoffbildung bereits zurücktritt, verläuft schon diese CS_2-Abspaltung allein beim PÄI-Dithiocarbaminat wesentlich rascher als bei niedermolekularen Modellsubstanzen und weist damit wieder auf eine im Vergleich zu niedermolekularen Dithiocarbaminaten recht geringe Stabilität des PÄI-Dithiocarbaminats hin.

Die Ergebnisse von Versuchen zur Zersetzung eines PÄI-Monothiocarbaminats, dessen Zusammensetzung

Tabelle 5. Zersetzung von PÄI-Monothiocarbaminat bei 100 °C

Schwefel als	% S auf Gesamt-S bezogen	
	bei pH = 0	bei pH = 8
COS	73	10
H_2S	20	85
Rückstand (Differenz)	7	5

mit einem Molverhältnis N/COS 3,2 annähernd dem inneren Aminsalz einer PÄI-Monothiocarbaminsäure entsprach, sind in Tabelle 5 zusammengefaßt.

In Analogie zum PÄI-Dithiocarbaminat erfolgt in saurer Lösung überwiegend COS-Abspaltung, bei höherem pH-Wert bevorzugt H_2S-Bildung. Diese kann nur zum geringen Teil auf eine sekundäre Hydrolyse von primär entstandenem COS zurückgeführt werden und weist u. E. vielmehr auf einen dem Verhalten des Dithiocarbaminats entsprechenden Zersetzungsmechanismus hin, der unter H_2S-Entwicklung zu inter- und intramolekularen Harnstoffgruppierungen führt. Tatsächlich wurde im IR-Spektrum eines nach Zersetzung bei pH = 8 isolierten Rückstandes, der hiernach weitgehend einem „PÄI-Harnstoff" entsprechen müßte, eine sehr starke > C=O-Absorptionsbande bei 1700 cm^{-1} gefunden (Bild 3), die in allen anderen hier aufgeführten Spektren nicht auftritt.

3. *Zusammenfassende Diskussion und Schlußfolgerungen*

Nach den hier erhaltenen Ergebnissen ist in Gegenwart von NaOH eine weitgehende Umsetzung aller >NH- und $-NH_2$-Gruppen der stark verzweigten PÄI-Kette zu Mono- und Dithiocarbaminat möglich, während in Abwesenheit von NaOH mit CS_2 ein Produkt entsteht, das etwa der Zusammensetzung eines inneren Aminsalzes der PÄI-Dithiocarbaminsäure entspricht, wobei die tertiären N-Atome an den Verzweigungspunkten offenbar auch an dieser Salzbildung unbeteiligt bleiben.

Analog den Beobachtungen an niedermolekularen Aminen ergibt sich auch für PÄI die erwartete pH-Abhängigkeit der „scheinbaren Dithiocarbaminat-Bildungs-RGK" $_2k''_B$, und unsere Ergebnisse weisen wieder auf eine wesentlich raschere Umsetzung an den Iminoim Vergleich zu den Aminogruppen hin. Unerwartet hoch und nicht aus dem Verhalten niedermolekularer Modellsubstanzen erklärbar ist der Absolutwert der mittleren Bildungs-RGK des PÄI-Dithiocarbaminats. Ein Einfluß der tertiären N-Atome an den Verzweigungspunkten scheidet als Erklärung aus, da ein hier möglicher —I-Effekt eher eine Verlangsamung der Umsetzung bewirken sollte. Offensichtlich muß die entropiebedingte Erhöhung der Bildungs-RGK für dieses polymere Dithiocarbaminat durch die Häufung reaktiver Amino- und Iminogruppen im Makromolekül verursacht werden, wobei ähnlich wie bei der Umsetzung zwischen Alkalicellulose und CS_2 oberhalb einer bestimmten Mindestkettenlänge kein wesentlicher DP-Einfluß mehr auftritt. Vielleicht könnte man in beiden Fällen die Erhöhung der Umsetzungsgeschwindigkeit mit CS_2 beim Übergang vom Monomeren zum Polymeren mit der Ausbildung intramolekularer H-Brücken und einer dadurch veränderten Solvatation der reaktiven Gruppen in Zusammenhang bringen.

Für den Zersetzungsverlauf der PÄI-Thiocarbaminate in wäßrigem Medium ergeben sich insofern Parallelen zu den entsprechenden Derivaten des Äthylendiamins, als mit steigendem pH-Wert eine CS_2- bzw. COS-Abspaltung zugunsten einer Freisetzung von H_2S zurücktritt und im Rückstand eine entsprechende Menge an Thioharnstoff- bzw. Harnstoffgruppierungen auftritt. Obwohl für die Gesamtzersetzung schon in schwach alkalischem Medium (pH = 8 bis 10) nur zum geringeren Teil verantwortlich, verläuft die CS_2-Abspaltung aus PÄI-Dithiocarbaminat wesentlich rascher als bei Dithiocarbaminaten niedermolekularer Amine, bei denen sie die alleinige Zersetzungsreaktion darstellt, so daß insgesamt gesehen PÄI-Dithiocarbaminat im Vergleich zu niedermolekularen Dithiocarbaminaten als eine recht instabile Substanz anzusehen ist. Gleichzeitig bestätigt sich auch hier der bei Gegenüberstellung verschiedener Thiocarbaminate, Xanthogenate und Alkylmonothiocarbonate [2] erhaltene Befund, daß im allgemeinen die Abspaltung von CS_2 bzw. COS unter gegebenen Bedingungen um so schneller erfolgt, je rascher die zu dem betreffenden Derivat führende Bildungsreaktion zwischen Thiokohlensäureanhydrid und Hydroxyl- bzw. Aminogruppe abläuft. Der andere, unter Sulfidabspaltung zu Thioharnstoff-Gruppierungen führende Zersetzungsmechanismus des PÄI-Dithiocarbaminats spielt u. E. nicht nur in wäßrig/alkalischer Lösung, sondern auch beim Aufbewahren des in Substanz vorliegenden Präparates eine Rolle, wobei hier außerdem die bereits von *Okawara* [3] diskutierte, mit einer Verfärbung verbundene radikalische Zersetzung in Betracht zu ziehen ist. Wenn auch die Frage noch offen bleiben muß, ob die Bildung der Thioharnstoffgruppierungen bevorzugt durch intramolekularen Ringschluß oder durch intermolekulare Vernetzung erfolgt, so scheint uns doch die Unlöslichkeit der dabei erhaltenen Produkte in allen in Frage kommenden Lösungsmitteln zumindest für eine erhebliche Mitbeteiligung von Vernetzungsvorgängen zu sprechen.

Literatur

[1] *Philipp, B.*, und *Dautzenberg, H.*: Kinetische Untersuchungen zur Umsetzung von Aminen mit Schwefelkohlenstoff und Carbonylsulfid. Faserforsch. u. Textiltechnik **19** (1968) 1, S. 23—30.

[2] *Philipp, B.*, *Dautzenberg, H.*, und *Lang, H.*: Kinetische Untersuchungen zur Zersetzung von Thiocarbaminaten. Faserforsch. u. Textiltechnik **19** (1968) 7, S. 325—332.

[3] *Okawara, M.*, *Ori, M.*, *Nakai, T.*, und *Imoto, E.*: Synthesis and reactions of functional polymers. XXIII. Synthesis and reaction of polyethylenimine containing dithiocarbamoyl groups. Kogyo Kagaku Zasshi **69** (1966) 4, S. 766—771.

[4] *Okawara, M.*, und *Nakai, T.*: Synthesis and reactions of polymers containing dithiocarbamate and xanthate groups. Preprints of Scientific Papers International Symposium on Macromolecular Chemistry, Tokio Kyoto 1966.

[5] *Sönnerskog, S.*: Anion exchanging polymers from sodium cellulose xanthate and polyethylenimine. Acta chem. Scand. **11** (1957) 3, S. 573—575.

[6] *Jones, G. D.*, *Langsjoen, A.*, *Neumann, M. M. Ch.*, und *Zomlefer, J.*: The polymerization of ethylenimine. J. org. Chem. **9** (1944) S. 125—147.

[7] *Dixon, J. K.*, *Lamer, V. K.*, *Li, C.*, *Messinger, S.*, und *Linford, H. B.*: Effect of the structure of cationic polymers on the flocculation and the electrophoretic mobility of crystalline silica. J. colloid Sci. **23** (1967) 4, S. 465 bis 473.

[8] *Thiele, H.*, und *Gronau, K.-H.*: Kupfer- und Nickelkomplexe von Polyäthylenimin. Makromol. Chemie **59** (1963) S. 207–221.
[9] *Wolf, F.*, und *Vieweg, J.*: Zur Polymerisation des Äthylenimins. Plaste u. Kautschuk **14** (1967) S. 85 bis 88.
[10] *Kern, W.*, und *Brenneisen, E.*: Über heteropolare Molekülkolloide. III. Polymere Amine als Modelle des Eiweißes. J. prakt. Chemie **159** (1941) S. 193–218.
[11] *Könnecke, H.-G.*, und *Heise, M.*: Über die Polymerisation des Äthylenimins. II. J. prakt. Chemie **9** (1959) S. 232–236.
[12] *Perrine, T. D.*, und *Goolsby, P. F.*: Fractionation of poly-(ethylenimine) by curtain electrophoresis. J. Polymer Sci. A **3** (1965) 8, S. 3031–3037.
[13] *Shepherd, E. J.*, und *Kitchener, J. A.*: The ionization of ethyleneimine and polyethyleneimine. J. chem. Soc. London (1956) S. 2448–2452.
[14] *Hovenkamp, S. G.*: Die Zersetzung von Trithiocarbonat. II. Zersetzung in alkalischem Milieu. Faserforsch. u. Textiltechnik **17** (1966) 8, S. 370–372.
[15] *Thorn, G. D.*, und *Ludwig, R. A.*: The dithiocarbamates and related compounds. Amsterdam/New York: Elsevier Publ. Comp. 1962.
[16] *Hovenkamp, S. G.*: Reaktionen im System Schwefelkohlenstoff-Natronlauge. Dissertation Delft 1965.
[17] *Hovenkamp, S. G.*: Sodium dithiocarbonate as a byprodukt in xanthating reactions. A contribution to the chemistry of viscose. J. Polymer Sci. C **2** (1963) S. 341–355.
[18] *Zahradnik, R.*: Die Reaktionen der Aminosäuren mit Schwefelkohlenstoff. VII. Darstellung und einige physikalisch-chemische Eigenschaften von Salzen der Dithiocarbaminocarbonsäuren. Coll. czechoslov. chem. Commun. **23** (1958) S. 1443–1450.
[19] *Goljand, S. W.*, und *Lazarev, V. I.*: Spektrophotometrische Bestimmung kleiner Konzentrationen von Kohlenoxysulfid und Schwefelkohlenstoff in reinen Gasen. Ž. anal. Chimii (Z. anal. Chemie) **17** (1962) 6, S. 734–738.
[20] *Komar', N. P.*, und *Churjanskij, A. K.*: Spektrophotometrie des Natriumdiäthyldithiocarbaminates in Wasser und Tetrachlorkohlenstoff. Ž. neorg. Chimii (Z. anorg. Chemie) **11** (1966) 5, S. 1148–1154.
[21] *Philipp, B.*: Zur Analytik von Viskoselösungen. Chem. Technik **8** (1956) S. 77–80.
[22] *Philipp, B.*, und *Dautzenberg, H.*: Polarographische und potentiometrische Untersuchungen an Schwefelkohlenstoff und einigen seiner Derivate. Mber. dt. Akad. Wiss. Berlin **6** (1964) S. 148–158.

Eingegangen am 29. Juli 1969

Über den Einfluß ionisierender Strahlung auf Struktur und mechanische Eigenschaften von Polyäthylenterephthalat

Andrzej Włochowicz, Eligia Turska und Stefan Boryniec

Technische Hochschule Łódź/VR Polen,
Lehrstuhl für textile Rohstoffe und Textilmeßtechnik (1) und Lehrstuhl für Physikalische Chemie der Hochpolymeren (2, 3)

DK 678.674′524′420–416:[678.6.01:539.412]:539.12.04:539.26

Bestrahlte Polyäthylenterephthalatfolien wurden auf Veränderungen der übermolekularen Struktur und der mechanischen Eigenschaften in Abhängigkeit von der Dosisgröße, der Dosisrate und der Art der Strahlung untersucht. Der Vergleich der für unbestrahlte und bestrahlte Folien erzielten Ergebnisse ergab eine Verringerung der Kristallinität und eine starke Abnahme der Zugfestigkeit. Der Verlauf der Reißdehnung in Abhängigkeit von der Dosisgröße deutet auf das gleichzeitige Auftreten von Abbau- und Vernetzungserscheinungen in bestrahlten Hochpolymeren hin.

О влиянии ионизирующего излучения на структуру и механические свойства полиэтилентерефталата.

Изучены изменения надмолекулярной структуры и механических свойств облученных пленок из полиэтилентерефталата в зависимости от дозы излучения и ее мощности, а также вида излучения. По сравнению с исходными образцами облученные пленки показали пониженную кристалличность и значительно уменьшенную прочность на разрыв. Характер кривой разрывного удлинения в зависимости от дозы указывает на одновременное протекание процессов дестукции и сшивки высокополимеров во время облучения.

Effect of Ionising Radiation on the Structure and Mechanical Properties of Polyethylene Terephthalate

The effects of dose, dose rate and kind of radiation on the supramolecular structure and mechanical properties of polyethylene terephthalate films have been investigated. As compared with untreated films, the irradiated samples showed lower crystallinity and a sharp decrease of tensile strength. The way in which the elongation at break depends on the dose rate points to simultaneous degradation and crosslinking processes.

Einführung

Unter der Einwirkung ionisierender Strahlung laufen in Hochpolymeren verschiedene chemische Prozesse ab, und es treten Erscheinungen auf, die physikalischen Charakter besitzen. Während der Bestrahlung der Hochpolymeren tritt gewöhnlich eine Abscheidung von gasförmigen Produkten auf, und das Hochpolymere selbst unterliegt, je nach seiner chemischen Struktur und den Bestrahlungsbedingungen, einem Abbau oder einer Vernetzung, oder auch beiden Prozessen gleichzeitig.

Eines der interessanten und praktisch wichtigen Themen über Bestrahlungseigenschaften der Hochpolymeren stellt die Bestimmung des Einflusses von ionisierender Strahlung auf die übermolekulare Struktur dar. Da der Ordnungszustand von Hochpolymeren in starkem Maße ihre mechanischen Eigenschaften bestimmt, können die Untersuchungen der Veränderung von Parametern, die die Struktur charakterisieren, eine wertvolle Ergänzung der Untersuchungen über Veränderung von physikomechanischen Eigenschaften der bestrahlten Hochpolymeren darstellen.

In der vorliegenden Arbeit werden Ergebnisse von Versuchen an einer Folie aus Polyäthylenterephthalat über die Veränderungen der Parameter der übermolekularen Struktur sowie über Veränderungen einiger mechanischer Eigenschaften unter der Einwirkung ionisierender Strahlung in Abhängigkeit von der Größe der absorbierten Dosis und der Dosisrate beschrieben.

Literaturübersicht

Polyäthylenterephthalat (PÄT) gehört zu einer Gruppe von Hochpolymeren, die eine sehr hohe Widerstandsfähigkeit gegen Bestrahlung besitzen. Diese Eigenschaft hängt mit einer inneren Stabilisierung zusammen, die durch die in den Makromolekülketten eingebauten aromatischen Ringe, die auch benachbarte Atomgruppen stabilisieren, bewirkt wird. Aus diesem Grunde sind die für die Erzielung deutlicher Eigenschaftsveränderungen im Hochpolymeren notwendigen Strahlungsdosen sehr groß, und die Untersuchungen der Bestrahlungseigenschaften von PÄT können nur unter Anwendung von starken Strahlungsquellen durchgeführt werden. Die Untersuchung des Einflusses ionisierender Strahlung auf die mechanischen Eigenschaften von PÄT war bereits Gegenstand mehrerer Arbeiten, die seit Mitte der fünfziger Jahre veröffentlicht wurden.

Die erste Veröffentlichung auf diesem Gebiet ist die Arbeit von *Bopp* und *Sisman* [1], die im Jahre 1955 erschienen ist. Die Autoren haben Veränderungen der Zugfestigkeit und der Dehnung einer Folie aus PÄT „MYLAR" unter der Einwirkung von Reaktorstrahlung untersucht und nach Absorption einer Dosis von etwa 500 Mrad eine Verminderung beider Werte um die Hälfte festgestellt. Die Arbeit von *Teszler* und *Rutherford* [2] beschreibt den Einfluß der ionisierenden Strahlung auf PÄT-Fasern. Fasern verschiedener Reckung wurden im Vakuum der Einwirkung von ^{60}Co-γ-Strahlung sowie Reaktorstrahlung mit Dosen im Bereich von 10 bis 100 Mrad ausgesetzt. Es wurden die Löslichkeit, die Schmelztemperatur sowie der Elastizitätsmodul der bestrahlten Fasern untersucht.

Die beobachtete Vergrößerung des Elastizitätsmoduls infolge der Bestrahlung ist den Autoren zufolge durch Anwesenheit einer vernetzten Struktur verursacht. Die Veränderungen der mechanischen Eigenschaften der DACRON-Fasern infolge einer Bestrahlung beschreibt die Arbeit von *Harmon* [3]. Unter anderem wurden Zugfestigkeit sowie Reißdehnung der im Vakuum und in Luft mit Dosen bis etwa 100 Mrad bestrahlten Fasern bestimmt. Der größten Dosis der Strahlung entspricht eine Verminderung der Zugfestigkeit um 11% für die in der Luft bestrahlte Probe und eine geringfügige Vergrößerung für die im Vakuum bestrahlte Probe.

Die im Jahre 1961 veröffentlichte Arbeit von *Kargin* u. Mitarb. [4] ist hauptsächlich der Einwirkung von schnellen Elektronen auf die Struktur von PÄT-Folie gewidmet. Untersuchungsobjekt war eine orientierte Folie mit einer Dicke von 5 bis 25 μm. Die Bestrahlung wurde im Vakuum bei Zimmertemperatur durchgeführt. Die Autoren haben mit Hilfe der Ultrarotspektroskopie Veränderungen der Konformation der Polymerketten festgestellt und daraus auf eine Verminderung des kristallinen Anteils geschlossen. Einen Hinweis auf Untersuchungen der Kristallinität von bestrahltem PÄT kann man in einer Arbeit japanischer Autoren finden [5]. Es wurden jedoch keine Strukturveränderungen an den mit einer Dosis von etwa 500 Mrad bestrahlten PÄT-Proben festgestellt. *Morgan*, *Sheldon* und *Stapleton* [6] haben Veränderungen der mechanischen Eigenschaften von in Luft mit ^{60}Co-γ-Strahlung bestrahlten PÄT-Folien besimmt. Die integralen, durch die Proben absorbierten Dosen betrugen zwischen 10 und 500 Mrad. Es wurde festgestellt, daß die obere Grenze der Widerstandfähigkeit gegen Bestrahlung bei einer Dosis von 100 Mrad liegt, bei der die Festigkeit und Reißdehnung 80% der ursprünglichen Werte betragen.

Die Arbeit von *Kalinnikov* [7] ist ebenfalls der Untersuchung von Veränderungen mechanischer Eigenschaften an PÄT-Folie gewidmet. Der Autor hat Folien von 25 μm Stärke, die mit Dosen von ^{60}Co-γ-Strahlung zwischen 0,001 und 200 Mrad bestrahlt wurden, untersucht und festgestellt, daß mit Vergrößerung der Dosis die Reißdehnung wächst und die Festigkeit kleiner wird. Ähnliches Verhalten wurde von *Dobrecov*, *Kurilenko* und *Temnikovskij* [8] bei der Untersuchung der Veränderung der Struktur und der mechanischen Eigenschaften von PÄT-Folien beobachtet, die mit Dosen bis 30 Mrd bestrahlt wurden. Die Autoren haben festgestellt, daß bei Vergrößerung der Dosis Veränderungen der Festigkeit und der Dehnung auftreten. Der Kristallinitätsgrad wird etwas kleiner und der Orientierungswinkel wächst geringfügig.

Die Veränderung der Dichte von PÄT-Folien, die durch Einwirkung von ^{60}Co-γ-Strahlung sowie Neutronenstrahlung hervorgerufen worden war, wurde in der Arbeit von *Scherer* und *Kline* [9] beschrieben. Die Autoren haben eine Zunahme der Dichte der bestrahlten Proben beobachtet.

Informationen über den Einfluß ionisierender Strahlung auf die mechanischen Eigenschaften und die übermolekulare Struktur von Polyester kann man auch in den Arbeiten von *Belicin* [10], *Fischer* u. Mitarb. [11], *Wegener* u. Mitarb. [12], sowie in Monographien [13, 14, 15] finden. Im Vergleich zu den vorher zitierten Arbeiten bringen sie keine wesentlichen neuen Elemente.

Experimenteller Teil

Aus der Literaturübersicht folgt, daß das Problem der Veränderungen der übermolekularen Struktur von PÄT unter dem Einfluß ionisierender Strahlung weiterhin offen bleibt. Zur Feststellung des Einflusses der ionisierenden Strahlung auf die Struktur und die mechanischen Eigenschaften der Folien wurden Kristallinitätsindex, Zugfestigkeit, Reißdehnung sowie *Young*scher Modul für die ursprünglichen und die bestrahlten Proben bestimmt. Objekt der Untersuchungen war die PÄT-Folie „MELINEX" britischer Produktion (ICI) mit einer Stärke von 50 μm. Vor der Bestrahlung wurden die Proben durch gründliche Reinigung, Spülung mit n-Heptan und Aceton sowie Trocknung bei 70°C bis zur Massekonstanz vorbereitet. Die Bestrahlung erfolgte in Anwesenheit von Luft in verschlossenen Glasampullen. Es wurden zwei Arten der Strahlung

Tabelle 1. Angewandte Strahlungsarten und Dosisraten bei Bestrahlung der Folie aus PÄT

Strahlungsart	Dosisrate Mrad/h	Absorbierte Dosis Mrad	Bezeichnung der Probe
^{60}Co	0,5	60	A/2
„	0,5	120	A/4
„	0,5	180	A/6
„	0,5	240	A/8
„	0,5	510	A/17
„	0,25	60	B/2
„	0,25	120	B/4
„	0,25	150	B/5
„	0,25	270	B/9
„	0,25	360	B/12
„	0,25	450	B/15
Elektronenstrahlung	360	49,6	74/1
„	360	101,4	74/2
„	360	151,5	74/3
„	360	301,8	74/6
„	360	499,4	74/10
„	720	49,5	75/1
„	720	150,2	75/3
„	720	299,3	75/6
„	720	507,1	75/10
„	1152	52,0	76/1
„	1152	152,4	76/3
„	1152	303,8	76/6
„	1152	502,2	76/10

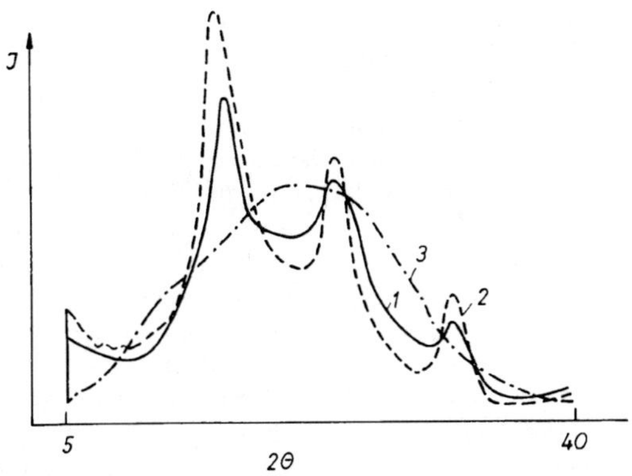

Bild 1. Beispiele von Röntgenstreukurven, die zur Bestimmung des Kristallinitätsindex von PÄT-Folie dienen.
1 Streukurve der untersuchten Probe (P6)
2 Streukurve der kristallinen Probe
3 Streukurve der amorphen Probe (A)

benutzt: ^{60}Co-γ-Strahlung (Aktivität der Quelle etwa 20000 Curie, mittlere Energie 1,25 MeV), sowie Elektronenstrahlung aus einem elektrostatischen *Van-de-Graaff*-Beschleuniger (Strahlungsenergie 1,8 MeV). Die Dosisgröße sowie die Dosisrate sind in der Tabelle 1 zusammengestellt.

Der Kristallinitätsindex, definiert als Verhältnis der Masse der geordneten Bereiche zur Gesamtmasse des Hochpolymeren, wurde röntgenographisch unter Benutzung der Integrationsmethode bestimmt. Diese Methode wurde von *Wakelin, Virgin* und *Crystal* [16] für Cellulosefasern vorgeschlagen und durch *Statton* [17] für PÄT adaptiert. Der Kristallinitätsindex S_k (Bild 1) wurde als Verhältnis der Fläche zwischen den Intensitätsverteilungskurven der Röntgenstrahlung der untersuchten Probe (P_b) und einer amorphen Standardprobe (A) zur Fläche zwischen den Intensitätskurven für kristalline und amorphe Standardproben bestimmt:

$$S_k = \frac{\Sigma\,(P_b - A)_{2\theta}}{\Sigma\,(K - A)_{2\theta}} \cdot 100\%.$$

Als amorphe Standardprobe wurde PÄT-Folie benutzt, die aus dem geschmolzenen Zustand durch Eintauchen im flüssigen Stickstoff plötzlich gekühlt wurde. Als kristalline Standardprobe benutzten wir eine nach den von *Statton* [17] angegebenen Bedingungen getemperte Folie. Für die Untersuchungen diente ein Apparat Rigaku-Denki Geigerflex SG-7 (CuKα-Strahlung, Beschleunigungsspannung 40 kV, Anodenstromstärke 20 mA, Ausgangsspalte mit 2° Winkeldivergenz, Begrenzungsspalte mit 0,5° Winkeldivergenz). Die Registrierung der Intensitätsveränderungen der an den Standardproben und den untersuchten Proben gebeugten Röntgenstrahlung wurde kontinuierlich mit Hilfe von Geiger-Müller-Zählrohren im Bereich der Glanzwinkel 2 θ von 5 bis 40° (Bild 1) durchgeführt. Die Spannung des Geiger-Müller-Zählrohrs betrug 1200 V.

Die Meßergebnisse wurden unter Berücksichtigung der Packungsdichte und Winkelabsorption korrigiert. Für jede Probe wurden drei unabhängige Bestimmungen durchgeführt.

Auf Bild 2 sind mehrere Röntgenstreukurven der untersuchten Proben dargestellt. Die Orientierung der Kristallite wurde aus Planfilmaufnahmen durch Analyse der Interferenzspuren der paratropen Flächen (0$\bar{1}$1) und ($\bar{1}$10) bestimmt.

Als Maß des Orientierungsgrades wurde die azimutale Halbwertsbreite der Interferenzen [18] sowie der Orientierungs-

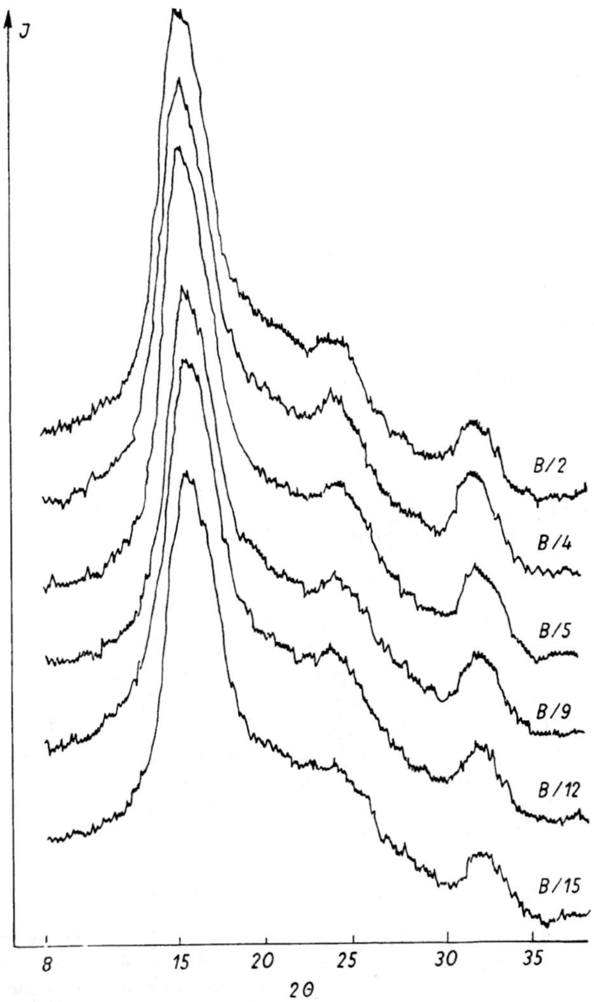

Bild 2. Auswahl aus den Röntgenstreukurven der mit ^{60}Co-γ-Strahlen bestrahlten Proben (Bezeichnungen wie in Tabelle 1)

index f_x, der nach der von *Hermans* [19] angegebenen Methode bestimmt wurde, benutzt. Die Röntgenogramme wurden mit Hilfe eines VEM-TUR-Apparats mit CuKα-Strahlung bei einer Spannung von 30 kV und einer Anodenstromstärke von 15 mA angefertigt. (Expositionsdauer 1 h, Blendendurchmesser 0,8 mm). Die Röntgenogramme wurden mit Hilfe eines Zeiss-Schnellphotometers M-2 (Spalte 1,1 × 1,1 mm, Vergrößerung des optischen Systems 8×) photometriert. Für jede der untersuchten Proben wurden drei bis fünf unabhängige Bestimmungen durchgeführt.

Die mechanischen Eigenschaften der PÄT-Folie, d. h. Zugfestigkeit, Reißdehnung und *Young*scher Modul, wurden an Streifen von 5 mm Breite und 35 mm Länge bestimmt. Die Untersuchungen wurden mit Hilfe des Zugfestigkeitsprüfers Instron bei einem Klemmenabstand von 25 mm durchgeführt. Einige Dehnungsdiagramme sind als Beispiel auf Bild 3 dargestellt.

Meßergebnisse und Diskussion

Die Untersuchungsergebnisse, welche die in der übermolekularen Struktur der PÄT-Folie unter dem Einfluß der ionisierenden Strahlung eintretenden Verände-

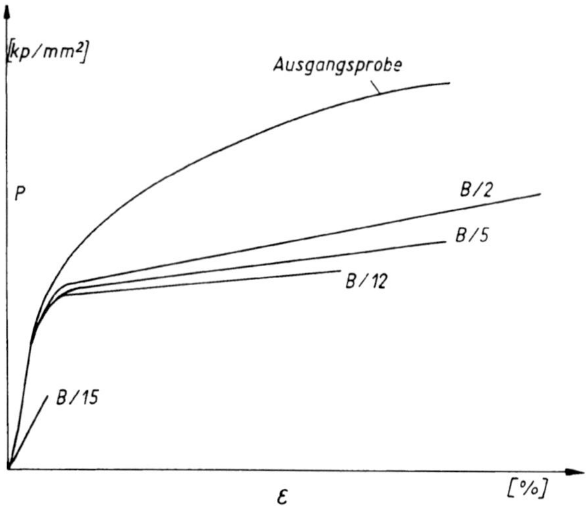

Bild 3. Dehnungsdiagramme für ausgewählte PÄT-Folien (Bezeichnungen wie in Tabelle 1)

rungen charakterisieren, sind in den Tabellen 2 und 3 angegeben. In diesen Tabellen wurden die Ergebnisse der Strukturuntersuchungen und der mechanischen Untersuchungen zusammengestellt. Der Vergleich der für unbestrahlte und bestrahlte Proben erhaltenen Ergebnisse zeigt, daß infolge der Bestrahlung wesentliche Veränderungen der Parameter der übermolekularen Struktur sowie der mechanischen Eigenschaften der PÄT-Folie eingetreten sind.

Der Kristallinitätsindex und die Reißspannung werden mit der Vergrößerung der Dosis fortschreitend kleiner. Die im Bereich kleiner Dosen wachsende Reißdehnung sinkt schnell nach Erreichen eines Maximums (für eine Dosis von etwa 50 Mrad) bis zu Werten, die niedriger sind, als für die ursprüngliche Probe.

Als relativ unabhängig von der absorbierten Dosis erweisen sich der *Young*sche Modul und die Orientierung der Kristallite, die unter dem Einfluß der Bestrahlung nur geringfügigen Veränderungen unterliegen. Veränderliche Größen waren bei der Bestrahlung neben der absorbierten Dosis auch die Dosisrate und die Art der Strahlung.

Die in den Tabellen 2 und 3 sowie auf den Bildern 4 und 5 dargestellten Meßergebnisse zeigen gewisse, manchmal ziemlich erhebliche Differenzen zwischen Proben, die zwar mit der gleichen Dosis, aber unter verschiedenen Bedingungen (Art der Strahlung, Dosisrate) bestrahlt wurden. Wie die erhaltenen Ergebnisse zeigen, vermindert sich die Kristallinität der bestrahlten Proben mit der Vergrößerung der Dosis, was sich durch allmähliche Abnahme des Kristallinitätsindexes zeigt. Diese Erscheinung kann man als Folge der Konfigurationsveränderungen der Makromoleküle während der Bestrahlung erklären [4].

Der mit Vergrößerung der Dosis in Zusammenhang mit einer Vergrößerung der Oszillationsbewegungen sich verstärkende Abbau verursacht bedeutende Ortsveränderungen der Kettensegmente in den ursprünglich geordneten Bereichen, was zur Verringerung der Kristallinität führt. Einem Abbau ist jedoch hauptsäch-

Tabelle 2. Meßergebnisse des Kristallisationsgrades und der Orientierung der Kristallite für die bestrahlten Proben

Bezeichnung der Probe	Kristallisationsgrad %	Zufälliger Fehler des mittleren Wertes des Kristallisationsgrades %	Differenz des Kristallisationsgrades im Verhältnis zur Ausgangsprobe %	Orientierungswinkel der Fläche $(0\bar{1}1)$ Grad	Orientierungsindex $f_{x(1\bar{1}0)}$	Orientierungswinkel der Fläche $(\bar{1}10)$ Grad	Orientierungsindex $f_{x(\bar{1}10)}$
Ausgangsprobe	65,0	±2,0	—	18,6	0,846	25,5	0,722
74/1	64,9	±3,0	0,1	18,5	0,849	25,4	0,724
74/2	64,3	±2,0	1,0	18,3	0,852	25,3	0,726
74/6	60,1	±1,5	7,5	18,2	0,854	25,1	0,730
74/10	59,6	±2,0	8,3	18,0	0,857	24,8	0,736
75/1	64,6	±1,5	0,6	18,3	0,852	25,3	0,726
75/3	62,9	±2,0	3,3	18,2	0,854	25,3	0,726
75/6	62,4	±2,0	4,0	18,1	0,855	24,9	0,734
75/10	60,0	±1,0	7,7	18,0	0,857	24,6	0,740
76/1	63,7	±2,0	2,0	18,4	0,851	25,5	0,722
76/3	62,6	±3,0	3,7	18,2	0,854	25,5	0,722
76/6	59,7	±3,0	8,2	18,2	0,854	24,8	0,736
76/10	57,7	±3,0	11,2	18,0	0,857	24,5	0,742
A/2	64,4	±3,0	0,9	18,5	0,849	25,4	0,724
A/4	63,4	±2,0	2,5	18,2	0,854	25,1	0,730
A/6	63,8	±3,0	1,8	18,0	0,857	24,8	0,736
A/8	60,6	±3,0	6,8	17,3	0,867	23,0	0,771
A/17	54,5	±4,0	16,2	16,1	0,885	21,1	0,806
B/2	64,7	±2,0	0,5	18,5	0,849	25,5	0,722
B/4	64,4	±2,0	0,9	18,4	0,851	25,4	0,724
B/5	64,2	±3,0	1,2	18,6	0,846	25,5	0,722
B/9	63,1	±2,5	2,9	18,3	0,852	52,0	0,732
B/12	61,5	±2,0	5,4	18,2	0,854	24,0	0,752
B/15	60,6	±1,5	6 8	18,0	0,857	23,2	0,767

Tabelle 3. Meßergebnisse über mechanische Eigenschaften bestrahlter Folien aus PÄT

Bezeichnung der Probe	Reißspannung kp/mm²	Reißspannung MN/m²	Veränderung der Reißspannung im Verhältnis zur Ausgangsprobe %	Reißdehnung %	Zufälliger Fehler des mittleren Wertes der Reißdehnung %	*Young*scher Modul x 10^{-3} kp/cm²
Ausgangsprobe	35,2	345,3	—	80,6	2,4	6,8
74/1	24,0	235,8	68,3	114,1	4,6	6,8
74/3	22,0	222,7	64,5	105,5	3,2	6,7
74/6	19,6	192,3	55,7	78,6	2,3	6,7
74/10	16,5	161,5	46,8	12,0	0,6	6,6
75/1	25,6	250,7	72,7	126,7	5,1	6,7
75/3	21,5	210,9	61,1	95,0	3,6	6,5
75/6	19,2	188,3	54,7	76,5	2,7	6,6
75/10	11,7	114,4	33,2	4,6	0,2	6,3
76/1	24,8	243,3	70,7	113,1	4,0	6,0
76/3	21,3	208,5	60,5	91,7	3,6	6,0
76/6	19,5	191,3	55,4	73,1	2,7	5,8
76/10	5,9	57,9	16,8	3,7	0,2	5,5
A/2	24,7	242,3	70,2	113,9	4,4	—
A/6	21,3	208,9	60,5	89,3	2,8	—
A/8	17,7	167,7	48,6	68,4	2,2	—
B/2	24,9	244,3	70,8	114,2	4,2	—
B/5	23,8	233,5	67,6	104,6	2,4	—
B/12	13,9	136,4	39,5	70,1	1,9	—
B/15	12,7	124,6	36,1	16,3	0,8	—

lich der amorphe Teil ausgesetzt. Die größere Strahlungswiderstandsfähigkeit des kristallinen Teils kann durch einen zusätzlichen stabilisierenden Effekt verursacht werden, der von der Wirkung der zwischenmolekularen Kräfte zwischen den Ketten ausgeht.

Der Vergleich der relativen Abnahme der rel. Molekülmasse mit der relativen Abnahme des Kristallinitätsindexes zeigt, daß der Abbau die Abnahme der Kristallinität bedeutend übertrifft [20].

Gewisse Unterschiede sowohl im Abbau als auch in der Abnahme der Kristallinität, die zwischen den in einer Kobaltkammer und im *Van-de-Graaff*-Beschleuniger bestrahlten Proben auftreten, können in einem unkontrollierbaren Temperaturzuwachs bei der mit einer hohen Dosisrate im Beschleuniger durchgeführten Bestrahlung begründet sein.

Angesichts der bedeutenden Kristallinitätsänderungen der bestrahlten Proben konnte man auch Veränderungen der Orientierung der Kristallite erwarten. Den beobachteten kleinen Zuwachs der Orientierung der Kristallite kann man durch die Annahme erklären, daß die Spaltung von Hauptvalenzbindungen im amorphen Teil einen Einfluß auf die gegenseitige Lage der Kristallite ausübt.

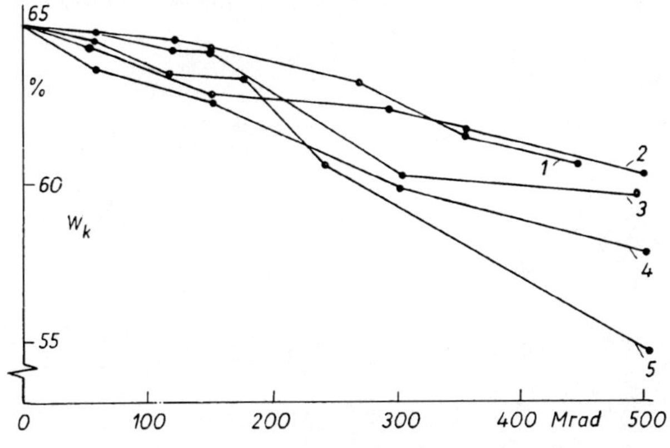

Bild 4. Veränderung des Kristallisationsgrades der mit schnellen Elektronen bestrahlten PÄT-Folie
1 Dosisrate 360 Mrad/h
2 Dosisrate 720 Mrad/h
3 Dosisrate 1152 Mrad/h
dsgl. für die mit ^{60}Co-γ-Strahlen bestrahlten Proben
4 Dosisrate 0,25 Mrad/h
5 Dosisrate 0,50 Mrad/h

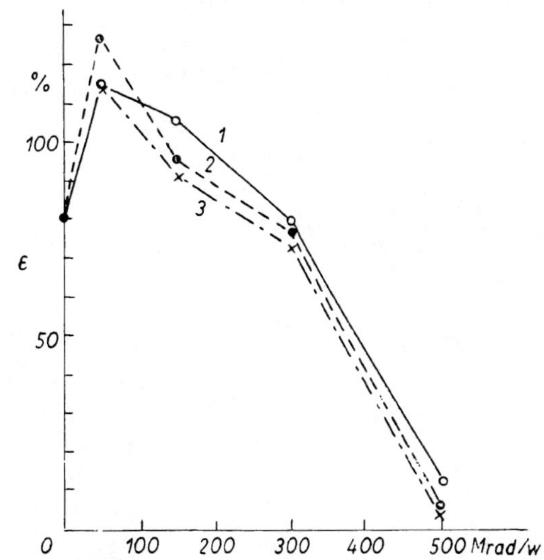

Bild 5. Veränderung der Reißdehnung als Funktion der Strahlungsdosis (Bezeichnungen wie auf Bild 4)

Die untersuchten mechanischen Eigenschaften der Folie aus PÄT unterliegen im ausgewählten Dosisbereich wesentlichen Veränderungen. Die Vergrößerung der absorbierten Dosen verursacht eine rapide Abnahme der Zugfestigkeit, die für Dosen von etwa 500 Mrad 2- bis 3mal kleiner ist als für unbestrahlte Proben. Eine so große Abnahme der Zugfestigkeit ist unzweifelhaft mit einem Abbau, einer teilweisen Destruktion und auch einer Abnahme der Kristallinität verbunden. Auch die Dosisrate hat, ähnlich wie für den Kristallinitätsindex, einen Einfluß auf den Verlauf der Veränderungen der mechanischen Eigenschaften.

Gleichzeitig mit der Bestimmung der Zugfestigkeit wurden auch die Werte der Reißdehnung für alle untersuchten Proben der Folie registriert. Die erhaltenen Meßergebnisse zeigen, daß die Reißdehnung für kleine Dosen steigt und dann mit Vergrößerung der Dosis schnell abnimmt. Zum Beispiel beträgt für Dosen von 500 Mrad die Reißdehnung kaum 10% des ursprünglichen Wertes der unbestrahlten Probe.

Dieser Verlauf der Abhängigkeit der Reißdehnung von der Dosis deutet auf das gleichzeitige Auftreten von Abbau- und Vernetzungserscheinungen im bestrahlten Hochpolymeren hin. Man muß jedoch unterstreichen, daß alle untersuchten Proben ihre völlige Löslichkeit behielten; die Vernetzung geht also nur in einem sehr geringen Umfang vor sich.

Literatur

[1] *Bopp, S. D.*, und *Sismon, O.* Nucleonics **13** (1955) S. 51.
[2] *Teszler, O.*, und *Rutherford, H. A.*: The effect of nuclear radiation on fibrous materials. Part I: Dacron polyester fibre. Textile Res. J. **26** (1956) S. 796–801.
[3] *Harmon, D. J.*: Effects of cobalt 60 gamma radiation on the physical properties of textile cord. Textile Res. J. **27** (1957) S. 318–324.
[4] *Slovochotova, N. A.*, *Sadovskaja, C. K.*, und *Kargin, V. A.*: Einwirkung von schnellen Elektronen auf die Struktur des Polyäthylenterephthalats. Vysokomol. Soed. (Hochmol. Verbind.) **3** (1961) 4, S. 515–520.
[5] *Sobue, H.*, *Tabata, V.*, und *Hiracki, M.*: Kogyo Kagaka Z. **64** (1961) 372.
[6] *Morgan, J. T.*, *Sheldon, R.*, und *Stapleton, G. B.*: Rutherford Labor. Rept. Nr. RHEL/R 139 (1966) S. 15–26.
[7] *Kalinnikov, A. E.*: Einfluß von γ-Strahlung auf die mechanischen Eigenschaften eines Polyäthylenterephthalatfilmes. Mech. Polimerov, Riga (Mech. der Polymeren) (1966) 3, S. 461–462.
[8] *Dobrecov, C. L.*, *Kurilenko, A. J.*, und *Temnikovskij, W. A.* Einfluß ionisierender Strahlung auf die mechanischen Eigenschaften von Faserstoffen. Mech. Polimerov, Riga (Mech. der Polymeren) (1966) 6, S. 944 bis 949.
[9] *Scherer, A. E.*, und *Kline, D. E.*: Density-dose behavior of irradiated polytetrafluoroethylene. J. appl. Polymer Sci. **11** (1967) 3, S. 341–355.
[10] *Belicin, M. N.*: Einfluß radioaktiver Strahlung auf Polyamid- und Polyesterseiden. Tekstil. Prom., Moskva (Textil-Ind.) **27** (1967) 4, S. 68–71.
[11] *Fischer, H.*, *Hellwege, K. H.*, und *Langhein, W.*: Die Änderung der Reißfestigkeit und Reißdehnung einiger Kunststoffe unter dem Einfluß energiereicher Strahlung. Kunststoffe **58** (1968) 9, S. 625–632.
[12] *Wegener, W.*, und *Egbers, G.*: Durch Bestrahlung mit schnellen Elektronen hervorgerufene Eigenschaftsänderungen hochpolymerer Faserstoffe. Chemiefasern **18** (1968) 11, S. 872–877; 12, S. 952–956.
[13] *Klein, G. A.*, *Osipova, L. N.*, *Tichomolova, M. P.*, und *Follippov, A. N.*: Einwirkung der Kernstrahlung und strahlungsinduzierte Pfropfung auf Faserstoffe. Izd. Legkaja Ind., Moskva (1966) S. 85.
[14] *Tokareva, L. S.*, *Bratschenko, T. D.*, und *Michajlov, N. V.*: Veränderung der Eigenschaften von Chemiefaserstoffen unter Einwirkung einer ionisierenden Strahlung. Radiac. Chimia Polimerov, Izd. Nauka, Moskva (1966) S. 345–348.
[15] *Gilbert, R. D.*, und *Stannett, V.*: Isotopes and Radiat. Technol. **4** (1967) S. 403.
[16] *Wakelin, J. H.*, *Virgin, H. S.*, und *Crystal, E.*: Development and comparison of two X-ray methods for determining the crystallinity of cotton-cellulose. J. appl. Physics **30** (1959) 11, S. 1654–1662.
[17] *Statton, W. O.*: On X-ray crystallinity index method with application to poly(ethylene terephthalate). J. appl. Polymer Sci. **7** (1963) 3, S. 803–815.
[18] *Baule, B.*, *Kratky, O.*, und *Treer, R.*: Z. physik. Chemie **50** (1941) S. 286.
[19] *Hermans, P. H.*, und *Platzek, P.*: Beiträge zur Kenntnis des Deformationsmechanismus und der Feinstruktur der Hydratzellulose. IX. Über die theoretische Beziehung zwischen Quellungsanisotropie und Eigendoppelbrechung orientierter Fäden. Kolloid-Z. **88** (1939) S. 68–72.
[20] *Boryniec, S.*: Physicochemical problems of radiation degradation of polyethylene terephthalate. Dissertation Łódź, 1968.

Eingegangen am 20. August 1969

Faserforschung und Textiltechnik 21 (1970) Heft 2

Thermogravimetrische Untersuchungen zum thermischen Abbau von Polyäthylenterephthalat

Ernst Wiesener

170. Mitteilung aus dem Institut für Textiltechnologie der Chemiefasern in Rudolstadt-Schwarza (Direktor: Dipl.-Ing. H. Bürger)

DK 678.674'524'420:[536.495:542.92]:543.226/.227:541.128.34:536.666

Der thermische Abbau von Polyäthylenterephthalat wurde im Temperaturbereich von Zimmertemperatur bis 500 °C untersucht. Mit zunehmender Aufheizgeschwindigkeit steigen die charakteristischen Abbautemperaturen an. In Anwesenheit von Luft beginnt der thermische Abbau ca. 50 grd früher als unter Stickstoffatmosphäre. Die charakteristischen Parameter des Abbauvorganges sind unabhängig von der rel. Molekülmasse und der Herstellungstechnologie des Polyäthylenterephthalates. Die maximale Abbaugeschwindigkeit wurde bei ca. 445 °C festgestellt. Bei Versuchen unter isothermen Heizbedingungen wurde die Aktivierungsenergie des thermischen Abbaus bestimmt.

Изучение термической деструкции полиэтилентерефталата термогравиметрическим методом

Изучена термическая деструкция полиэтилентерефталата в области температур от комнатной до 500°C. С возрастающей скоростью нагревания наблюдается повышение характеристических температур деструкции. В присутствии воздуха термическая деструкция начинается примерно на 50°C ниже, чем в атмосфере азота. Характеристические параметры этого процесса не зависят от молекулярного веса и способа получения полиэтилентерефталата. Максимальная скорость деструкции наблюдается приблизительно при 445°C. Энергия активации процесса термической деструкции определена в изотермических условиях нагревания.

Thermogravimetric Studies of the thermal Degradation of Polyethylene Terephthalate

The thermal degradation of polyethylene terephthalate has been investigated in the temperature range from room temperature up to 500 °C. Increasing the speed of heating results in higher degradation temperatures. In the presence of air the degradation occurs 50 °C below the degradation temperature observed under nitrogen. The degradation parameters proved independent of the molecular weight and the way in which the polymer was obtained. Maximum rate of degradation was observed at about 445 °C. The activation energy was determined from data of isothermal degradation experiments.

1. *Einleitung*

Die thermogravimetrische Analyse (TGA), die es ermöglicht, die Gewichtsänderungen einer Probe bei konstanter Aufheizgeschwindigkeit als Funktion der Temperatur beziehungsweise bei konstanter Temperatur in Abhängigkeit von der Zeit zu verfolgen, wird in zunehmendem Maße zur Untersuchung des Polymerabbaus angewendet. Die gewonnenen Meßergebnisse können sowohl zum qualitativen Vergleich der thermischen Beständigkeit von verschiedenen Polymeren dienen als auch zur Bestimmung der kinetischen Parameter des betreffenden Abbauvorganges. Neben thermogravimetrischen Messungen werden sehr häufig Bestimmungen der rel. Molekülmasse durchgeführt, um den thermischen Abbau von Polymeren zu charakterisieren. Während die Thermogravimetrie nur dann anzuwenden ist, wenn der Polymerabbau unter Bildung flüchtiger Zersetzungsprodukte abläuft, erlauben Bestimmungen der rel. Molekülmasse auch jene Abbauvorgänge recht genau zu verfolgen, bei denen die Kettenspaltung zunächst nur zu größeren, nichtflüchtigen Spaltprodukten führt. Die mit Hilfe der beiden Methoden gewonnenen kinetischen Daten der Abbaureaktionen, zum Beispiel die Reaktionsordnung, die Reaktionsgeschwindigkeitskonstante oder die Aktivierungsenergie können jedoch im Falle einer rein thermischen Zersetzungsreaktion ohne weiteres miteinander verglichen werden. In der vorliegenden Arbeit wurden nur thermogravimetrische Messungen durchgeführt. Das Ziel dieser Untersuchungen bestand darin, die charakteristischen Zersetzungstemperaturen von Polyäthylenterephthalat sowohl unter Luft- als auch unter Stickstoffatmosphäre zu bestimmen, den Einfluß der rel. Molekülmasse sowie der Heizgeschwindigkeit auf den Verlauf des thermischen Abbaus zu studieren sowie die Aktivierungsenergie der thermischen Kettenspaltung beim Polyäthylenterephthalat zu ermitteln.

2. *Literaturüberblick*

Die ersten thermogravimetrischen Messungen an Polymeren führte *Duval* [1] im Jahre 1948 durch. Ein Jahr später berichtete *Jellinek* [2] über thermogravimetrische Untersuchungen an verschiedenen synthetischen Polymeren, u. a. an Polystyrol und Polyäthylen. Von diesem Zeitpunkt an findet man in der Literatur eine ständig zunehmende Zahl von Berichten über die Anwendung der TGA in der Hochpolymerenforschung [3, 4].

Grundlegende Arbeiten über die Bestimmung der kinetischen Daten von Abbauvorgängen bei Polymeren mit Hilfe der TGA wurden u. a. von *Friedman* [5], *Anderson* [6], *Doyle* [7] und *Reich* [8] durchgeführt.

Über Abbauversuche an Polyäthylenterephthalat sind folgende Arbeiten bekannt:

Gaylord und *Rosenbaum* [9] verfolgten den Abbau von Polyäthylenterephthalat in Nitrobenzol bei 170 °C mit Hilfe von Lösungsviskositätsmessungen. Sie fanden, daß der thermische Abbau dieses Polymeren nach einer Reaktion erster Ordnung und mit einer Geschwindigkeitskonstanten von $0{,}49 \times 10^{-4}\ s^{-4}$ verläuft.

Marshall und *Todd* [10] erhitzten Polyäthylenterephthalat auf Temperaturen zwischen 280 und 320 °C Den thermischen Abbau untersuchten diese Autoren u. a. durch Schmelzviskositätsmessungen. Sie fanden ebenfalls eine Reaktion erster Ordnung und ermittelten eine Aktivierungsenergie von 32 kcal/mol. In Anwesenheit von Sauerstoff wird der thermische Abbau des Polyäthylenterephthalates beschleunigt.

Die Abbauversuche von *Kardaš* u. Mitarb. [11] wurden in einem Pyrex-Bombenrohr bei Temperaturen zwischen 333 und 391 °C durchgeführt. Mit Hilfe von Bestimmungen der rel. Molekülmasse wurde die Aktivierungsenergie des thermischen Zerfalls von Polyäthylenterephthalat zu 47 kcal/

mol bestimmt. Unter den Zersetzungsprodukten konnten Oligomere, Terephthalsäure, Acetaldehyd, Kohlenmon- und Kohlendioxid sowie Methan nachgewiesen werden. *Schwenker* u. Mitarb. [12] haben den thermischen Abbau sowohl mit der DTA als auch mit der TGA untersucht. Sie fanden auf der DTA-Kurve (Stickstoffatmosphäre) im Temperaturbereich des thermischen Abbaus von Polyäthylenterephthalat einen stark endothermen Peak, der bei ca. 390 bis 414 °C einsetzt und bei 447 °C sein Maximum hat. Die entsprechende TGA-Kurve zeigte den Beginn der Zersetzung bei 402 °C. an. Bei 437 °C war die Hälfte der eingewogenen Substanzmenge pyrolysiert.

Auch *Hughes* und *Sheldon* [13] führten sowohl DTA- als auch TGA-Messungen durch. Sie stellten fest, daß der thermische Abbau von Polyäthylenterephthalat unter Luftzutritt bereits oberhalb des Schmelzpunktes beginnt und bei 400 °C die maximale Geschwindigkeit erreicht. Die DTA ergab bei 440 °C einen stark endothermen Peak. Die TGA-Kurve zeigt nach der starken Masseabnahme des Hauptzersetzungsvorganges einen zweiten Massesprung, den die Autoren auf die Verbrennung des restlichen Kohlenstoffs zurückführen.

Manley [14] führte TGA-Messungen an einem acetonkristallisierten Terylene durch und fand, daß die Zersetzung etwa bei 340 °C beginnt.

Zamorsky [15] wies den thermischen Abbau von Polyäthylenterephthalat im Temperaturbereich von 270 bis 290 °C viskosimetrisch nach. Auch hier wurde gefunden, daß der Abbau nach einer Reaktion erster Ordnung verläuft. Die Aktivierungsenergie des Abbauvorganges wird mit 31,3 kcal/mol angegeben.

Madorsky [4] konnte im Temperaturbereich von 283 bis 306 °C folgende gasförmigen Abbauprodukte nachweisen und quantitativ bestimmen:

CO	8 %
CO_2	8,7%
H_2O	0,8%
CH_3CHO	80 %
C_2H_4	2,0%
CH_4	0,4%
C_6H_6	0,4%
2-Methyldioxolan	0,4%

Goodings [16] untersuchte die Kinetik des thermischen Abbaus von Polyäthylenterephthalat durch Messung der Reaktionsgeschwindigkeiten verschiedener Teilreaktionen, die mit dem Abbau einhergehen (z. B. Acetaldehydbildung, Änderung der Carboxyl- und Hydroxylendgruppenkonzentration, Abnahme der rel. Molekülmasse).

Folgende Aktivierungsenergien wurden ermittelt

Methode	Aktivierungsenergie [kcal/mol]
Viskosität	62,3
COOH-Endgruppen	
a) Titration	37,4
b) IR-spektroskopisch	33,9
OH-Endgruppen	22,5
Acetaldehydbildung	37,7
„Total end points"	58,7

Straus und *Wall* [17] bestimmten die Aktivierungsenergie des Polyäthylenterephthalatabbaus thermogravimetrisch zu 38 kcal/mol.

3. *Experimentelles*

Die thermogravimetrischen Messungen wurden mit einem Registrierenden Vakuum Thermoanalyzer (Fa. Mettler — Zürich) durchgeführt. Die Probeneinwaage betrug in allen Fällen 25 mg. Der Probetiegel aus Platin hatte einen Durchmesser von 16 mm, so daß die Proben mit einer verhältnismäßig niedrigen Schichthöhe in den Tiegel gefüllt werden konnten. Die Genauigkeit der Massewerterfassung betrug $\pm 0{,}05$ mg. Die zu untersuchenden Polyäthylenterephthalatproben lagen als Pulver mit der Korngröße $< 0{,}4$ $> 0{,}2$ mm vor. Um den Einfluß der Heizgeschwindigkeit auf den thermischen Abbau zu untersuchen, wurden folgende Temperaturgradienten verwendet: 2, 4, 6, 8, 10 grd/min.

Für die isothermen Abbauversuche wurde für das Aufheizen bis zum Erreichen der Isotherme eine Heizgeschwindigkeit von 10 grd/min gewählt. Die Temperaturregelung bei den isothermen Versuchen erfolgte mit einer Genauigkeit von $\pm 0{,}5$ grd.

Die Versuche unter Stickstoff und Luft wurden jeweils in strömender Atmosphäre (15 l/h) durchgeführt.

Probencharakteristik. Für die Untersuchungen über den Einfluß der Heizgeschwindigkeit sowie zur Bestimmung der Aktivierungsenergie wurde eine Polyäthylenterephthalatprobe aus der Produktion des VEB Chemiefaserwerk Schwarza „Wilhelm Pieck", Rudolstadt/Th., verwendet. Dieses Material (Bezeichnung U) war unmattiert und hatte eine relative Lösungsviskosität von $\eta_{rel} = 1{,}34$ (gemessen in einem Gemisch aus gleichen Teilen Phenol und Tetrachloräthan).

Der Einfluß der rel. Molekülmasse auf den thermischen Abbau wurde an Polyäthylenterephthalatproben untersucht, die in einem Laborautoklaven hergestellt wurden. Alle Proben entstammten dem gleichen Polykondensationsansatz; sie wurden dem Autoklaven nach verschiedenen Polykondensationszeiten entnommen[1]).

Probenvorbehandlung. Nach dem Vermahlen und Siebfraktionieren wurden die Proben 12 h bei 150 °C getrocknet und anschließend bis zum Versuchsbeginn im Exsikkator über Phosphorpentoxid gelagert.

4. *Versuchsergebnisse*

4.1. *Einfluß der Heizgeschwindigkeit auf die charakteristischen Parameter des thermischen Abbaus*

Folgende TGA-Daten wurden ausgewertet:

$T_{\Delta G_{b_1}}$	— Temperatur, bei der ein erster Masseverlust einsetzt. Dieser „erste Masseverlust" war mit Sicherheit nur bei den Versuchen unter Luft nachzuweisen.
$T_{\Delta G_{b_2}}$	— Temperatur, bei der verhältnismäßig scharf der „starke thermische Abbau" beginnt. Nach *Doyle* [18]: „Initial Decomposition Temperature — IDT".
$T_{10\%}$	— Temperatur, bei der 10% der Ausgangsmasse der Probe pyrolysiert sind.
$T_{50\%}$	— Temperatur, bei der 50% der Substanz pyrolysiert sind; vergleichbar mit der „Integral Procedural Decomposition Temperature — IPDT" nach [18] (vergl. auch [19]).
$\Delta G_{300,\,400,\,500}$	— Masseverlust in Prozent im Temperaturbereich von $T\Delta_{\Delta G_{b_1}}$ bis 300, 400 bzw. 500 °C.

Beim Aufheizen unter Luftatmosphäre ist bereits im Temperaturbereich zwischen 250 und 270 °C, also im Schmelzbereich des Polyäthylenterephthalates, eine leichte Masseabnahme von ca. 0,3 bis 0,5% festzustellen. Da dieser „erste Masseverlust" unter Stickstoff nicht auftritt, kann er allein als Ergebnis des beginnenden oxydativen Abbaus angesehen werden [20].

[1]) Herrn Dr. *R. Schroth* vom VEB Chemiefaserwerk Schwarza „Wilhelm Pieck", Rudolstadt/Th., sei für die Herstellung und freundliche Überlassung dieser Proben gedankt.

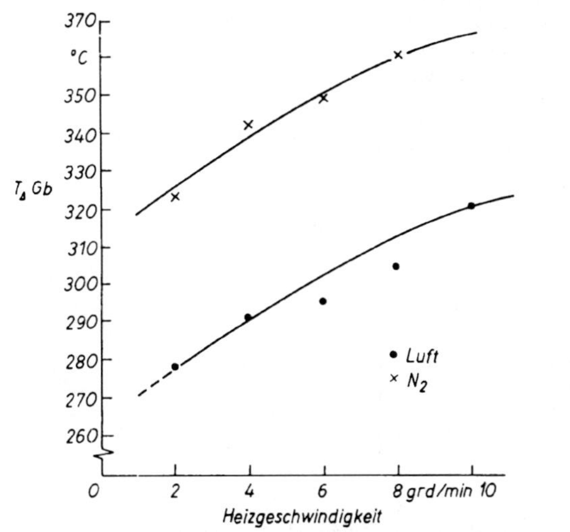

Bild 1. Temperatur des Zersetzungsbeginns in Abhängigkeit von der Heizgeschwindigkeit und der Gasatmosphäre

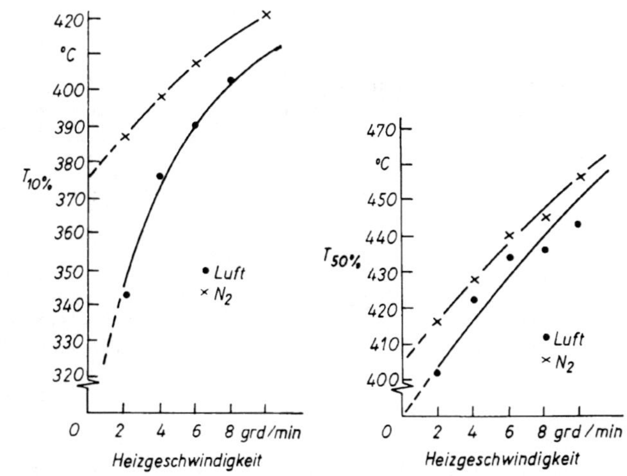

Bild 2. Temperaturen, bei denen jeweils 10 bzw. 50% der Probe pyrolysiert sind, in Abhängigkeit von der Heizgeschwindigkeit und der Gasatmosphäre

Die Temperatur, bei der die Zersetzung des Polyäthylenterephthalates sehr stark einsetzt („Initial decomposition temperature", $T_{\Delta G_{b_2}}$), liegt in Anwesenheit von Luft bei allen angewendeten Heizgeschwindigkeiten um etwa 50 grd niedriger als unter Stickstoffatmosphäre (vgl. Bild 1). Hieraus folgt, daß die Initiierung der thermischen Kettenaufspaltung durch Sauerstoff stark gefördert wird. Der abbaubeschleunigende Einfluß von Luftsauerstoff wird auch in den Bildern 2 und 3 veranschaulicht. Andererseits zeigt Bild 2 sehr deutlich, daß sich mit fortschreitendem Zersetzungsgrad (vgl. $T_{10\%}$ und $T_{50\%}$) die Abbaugeschwindigkeiten unter Luft- bzw. Stickstoffatmosphäre immer mehr angleichen, daß also der rein thermische Abbau bei hohen Temperaturen ebenfalls mit großer Geschwindigkeit abläuft.

Mit zunehmender Heizgeschwindigkeit steigen sowohl die Temperaturen des Zersetzungsbeginns ($T_{\Delta G_{b_2}}$) als auch die Temperaturen, bei denen jeweils 10 bzw. 50% der Probe pyrolysiert sind, an. Dieses Ergebnis ist in Anbetracht der starken Zeitabhängigkeit des Polymerabbaus verständlich und steht in Übereinstimmung mit den Messungen von *Anderson* [6], *Schneider* u. Mitarb. [21] sowie *Duval* [22]. Bemerkenswert ist die Feststellung, daß unter Luftatmosphäre die charakteristischen Parameter des Abbauvorganges (z. B. $T_{10\%}$, $T_{50\%}$, ΔG_{400}) stärker geschwindigkeitsabhängig sind als in inerter Gasatmosphäre: Bei höheren Heizgeschwindigkeiten wirkt sich der abbaubeschleunigende Einfluß von Luftsauerstoff nicht mehr so stark aus wie bei langsamer Aufheizung (vgl. besonders Bild 3). Allerdings wird die „Initial decomposition temperature" unter Luft und unter Stickstoff mit zunehmender Heizgeschwindigkeit etwa gleich stark erhöht, so daß angenommen werden kann, daß der Sauerstoff zwar die Initiierung der Kettenspaltungsreaktion stark beschleunigt, dagegen auf den weiteren Verlauf des Abbauvorganges einen geringeren Einfluß hat.

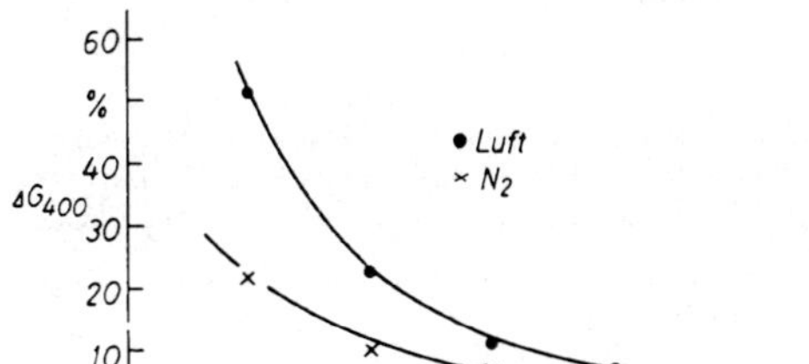

Bild 3. Massverlust beim Aufheizen von Zimmertemperatur bis 400 °C als Funktion der Heizgeschwindigkeit und der Gasatmosphäre

4.2. Einfluß der rel. Molekülmasse auf die Geschwindigkeit des thermischen Abbaus von Polyäthylenterphthalat

Die in Tabelle 1 beschriebenen Proben wurden sowohl unter Stickstoff- als auch unter Luftatmosphäre mit 10 grd/min von Raumtemperatur bis 500 °C aufgeheizt. In Tabelle 3 sind die gewonnenen Meßergebnisse zusammengefaßt. Danach ist die Geschwindigkeit des thermischen Abbaus von Polyäthylenterephthalat von der rel. Molekülmasse bzw. von der Lösungsviskosität weitgehend unabhängig. Dies gilt sowohl für die „Initial decomposition temperature" als auch für die Temperaturen der 10- bzw. 50%igen Pyrolyse. Lediglich die unter Stickstoffatmosphäre beim Aufheizen bis 400 °C auftretenden Masseverluste nehmen mit steigender rel. Molekülmasse (entsprechend steigender Polykondensationszeit) ab, was jedoch wahrscheinlich auf

Tabelle 1. Charakterisierung des Versuchsmaterials (Reihe der rel. Molekülmassen)

Probenbezeichnung	rel. Lösungsviskosität	Polykondensationszeit min
2a	1,12	30
2b	1,166	60
2c	1,233	90
2d	1,262	120
2e	1,321	150
2f	1,351	180

Tabelle 2. Charakteristische Parameter des thermischen Abbaus von Polyäthylenterephthalat in Abhängigkeit von der Heizgeschwindigkeit und der Gasatmosphäre

Heiz-geschwindigkeit grd/min	Atmosphäre	$T_{\Delta G_{b_1}}$ °C	$T_{\Delta G_{b_2}}$ °C	$T_{10\%}$ °C	$T_{50\%}$ °C	ΔG_{300} %	ΔG_{400} %	ΔG_{500} %
2	Luft	248	279	343	402	2,04	51,1	95,1
4	Luft	257	292	376	422	0,88	23,0	91,5
6	Luft	248	296	390	434	0,68	11,2	91,5
8	Luft	267	305	403	436	0,28	7,5	87,8
10	Luft	267	321	400	443	1,68	6,0	89,8
2	N_2	—	324	387	416	—	22,1	83,8
4	N_2	—	343	398	428	—	10,4	82,9
6	N_2	—	350	407	440	—	6,6	84,7
8	N_2	—	361	413	445	—	4,4	83,0
10	N_2	—	364	420	456	—	3,5	84,1

Tabelle 3. Einfluß der rel. Molekülmasse auf den thermischen Abbau von Polyäthylenterephthalat

Probe	rel. Lösungs-viskosität	Atmosphäre	$T_{\Delta G_{b_1}}$ °C	$T_{\Delta G_{b_2}}$ °C	$T_{10\%}$ °C	$T_{50\%}$ °C	ΔG_{400} %	ΔG_{500} %
2a	1,12	N_2	—	357	419	450	4,2	82
2b	1,166	N_2	—	359	420	451	3,0	82,5
2c	1,233	N_2	—	360	420	450	2,5	81,6
2d	1,262	N_2	—	358	421	452	2,4	82,7
2e	1,321	N_2	—	360	421	450	2,3	82,2
2f	1,351	N_2	—	359	421	450	2,2	80,6
2a	1,12	Luft	210	318	405	442	8,2	87,3
2b	1,166	Luft	226	312	402	444	9,5	88,6
2c	1,233	Luft	218	323	413	448	9,7	89,0
2d	1,233	Luft	226	317	404	444	8,1	88,8
2e	1,321	Luft	212	317	401	434	9,7	91,0
2f	1,351	Luft	219	313	409	446	6,7	85,5

die Verdampfung von niedermolekularen oder oligomeren Ausgangssubstanzen zurückzuführen ist. In Anwesenheit von Luft ist auch bei diesen Proben ein „Erster Masseverlust" im Temperaturbereich zwischen 210 und 230 °C festzustellen, der den beginnenden thermooxydativen Abbau anzeigt.

Vergleicht man die charakteristischen Parameter des thermischen Abbaus, die beim Erhitzen der sechs Polyäthylenterephthalatproben mit unterschiedlichen rel. Molekülmassen erhalten wurden (Tabelle 3), mit jenen, die beim Aufheizen (10 grd/min) der Charge *U* (Tabelle 2) gemessen wurden, so kann eine hervorragende Übereinstimmung festgestellt werden. Es liegt die Annahme nahe, daß der Verlauf der thermischen Zersetzung von Polyäthylenterephthalat unter Einhaltung reproduzierbarer Versuchsbedingungen nicht nur unabhängig von der rel. Molekülmasse ist, sondern auch unabhängig von der jeweiligen Herstellungstechnologie des Polymeren bzw. der Art und Menge bestimmter Zusätze. In diesem Falle könnten thermogravimetrische Messungen auch zur Identifizierung des Polyäthylenterephthalates herangezogen werden.

Zur Bestätigung dieser Annahme wurden drei weitere Polyäthylenterephthalatpartien untersucht, die nach sehr unterschiedlichen Technologien im Labor- bzw. im großtechnischen Maßstabe hergestellt worden waren. In Tabelle 4 sind die charakteristischen Daten des thermischen Abbaus dieser drei Proben zusammengestellt. Es kann somit eine sehr gute Reproduzierbarkeit, insbesondere bei den $T_{\Delta G_{b_2}}$-, $T_{10\%}$- und $T_{50\%}$-Werten festgestellt werden, so daß unter konstanten Versuchsbedingungen eine Identifizierung von Polyäthylenterephthalat thermogravimetrisch möglich sein sollte. An der beschriebenen Probenreihe mit unterschiedlichen rel. Molekülmassen wurde durch graphische Differentiation der TGA-Kurven (N_2- und Luftatmosphäre) auch die Temperatur der maximalen Abbaugeschwindigkeit ermittelt. Dabei wurde unabhängig von der jeweiligen rel. Molekülmasse eine Temperatur von 445 bis 450 °C gefunden. Dieser Wert steht in guter Übereinstimmung mit Angaben von *Schwenker* u. Mitarb. [12] sowie von *Hughes* u. Mitarb. [13], die bei DTA-Messungen das Maximum des endothermen Zersetzungspeaks bei 447 °C bzw. 440 °C fanden.

Tabelle 4. Charakteristische Parameter des thermischen Abbaus von den Polyäthylenterephthalat-Chargen LAX, UW und MM

Probe	rel. Lösungs-viskosität	Atmo-sphäre	$T_{\Delta G_{b_2}}$ °C	$T_{10\%}$ °C	$T_{50\%}$ °C	G_{400} %
LAX	1,369	N_2	362	418	448	3,68
UW	1,366	N_2	359	418	448	3,41
MM	1,355	N_2	358	418	448	3,04
LAX	1,369	Luft	316	399	441	10,5
UW	1,336	Luft	316	393	441	12,4
MM	1,355	Luft	318	398	442	10,9

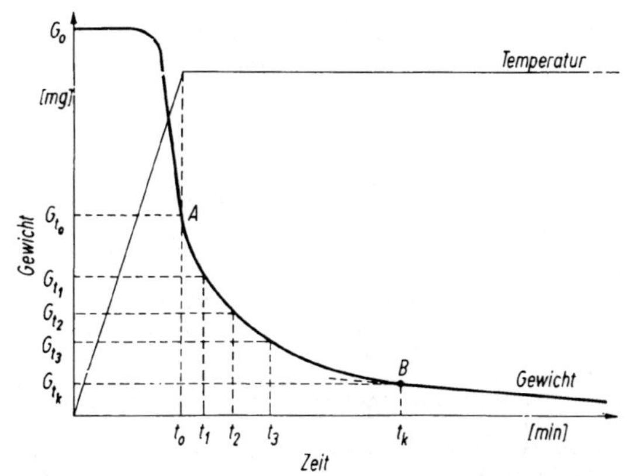

Bild 4. Schematische Darstellung der thermogravimetrischen Kurven beim dynamischen Aufheizen und anschließendem isothermen Erhitzen

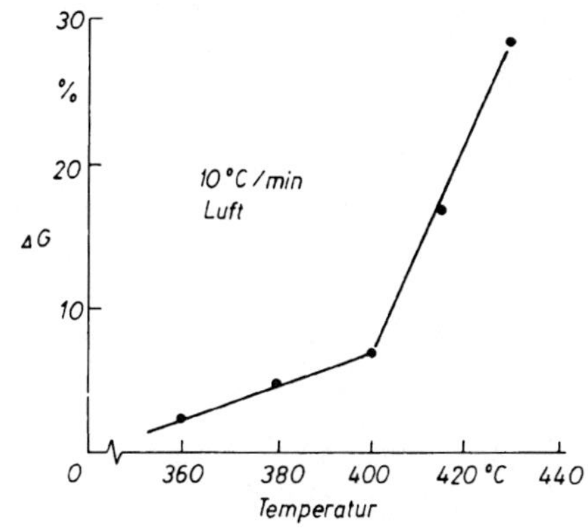

Bild 5. Masseverluste während des Aufheizvorganges bis zum Erreichen der Isothermentemperatur

4.3. Thermischer Abbau beim isothermen Erhitzen

Eine gut getrocknete Polyäthylenterephthalatprobe wurde mit 10 grd/min von Raumtemperatur jeweils bis zu verschiedenen Temperaturen aufgeheizt, und dort wurde die Temperaturbehandlung isotherm fortgesetzt. Bei den Versuchen unter Luft und Stickstoff wurden folgende Isothermentemperaturen gewählt:

Luft: 360, 380, 400, 415, 430 °C;
Stickstoff: 370, 399, 429 °C.

In Bild 4 ist der Verlauf der thermogravimetrischen Kurven während des linearen Aufheizens und des folgenden isothermen Erhitzens schematisch dargestellt. Da die isothermen Messungen bei vergleichsweise hohen Temperaturen durchgeführt wurden, setzte der Abbau bereits während des Aufheizvorganges, also noch vor dem Erreichen der Isotherme, ein.

Die entsprechenden Masseverluste ($\Delta G = G_0 - G_{t0}$), die beim Aufheizen auf die verschiedenen Isothermen-Temperaturen gefunden wurden, sind in Bild 5 dargestellt. Hieraus folgt, daß die Geschwindigkeit des thermischen Abbaus von Polyäthylenterephthalat im Temperaturbereich von 300 bis 400 °C mit steigender Temperatur verhältnismäßig langsam, oberhalb 400 °C jedoch erheblich stärker zunimmt. Nach Erreichen der Isotherme schreitet der Abbau entsprechend Bild 4 fort. Oberhalb einer bestimmten Verweilzeit t_K wurde sowohl unter Luft als auch unter Stickstoffatmosphäre eine konstante Abbaugeschwindigkeit festgestellt. Der Einfluß der Verweilzeit auf den Verlauf des thermischen Abbaus bei konstanter Temperatur wurde vom Zeitpunkt des Erreichens der Isotherme (t_0) bis zum Zeitpunkt der konstanten Abbaugeschwindigkeit (t_K) untersucht (Kurvenabschnitt A — B).

Obwohl der thermische Abbau nach Ablauf der Zeit t_K noch nicht beendet ist, sondern nur mit sehr kleiner und

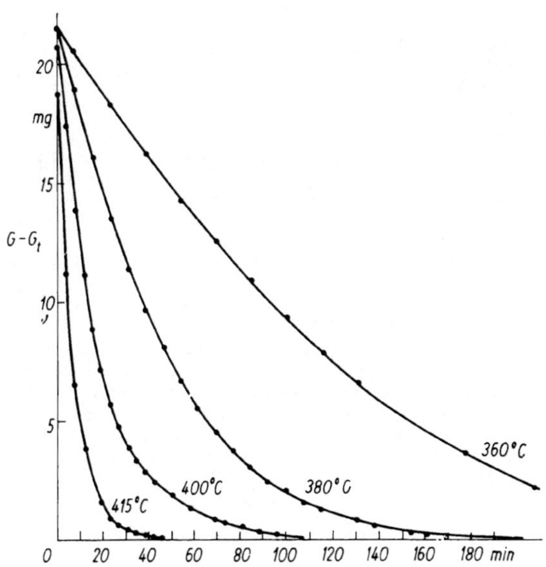

Bild 6. Abbaukurven bei verschiedenen Temperaturen (Luftatmosphäre)

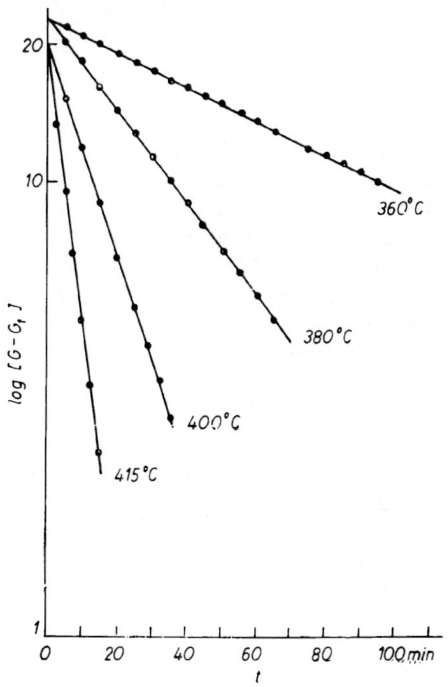

Bild 7. Logarithmus G_t als Funktion der Zeit

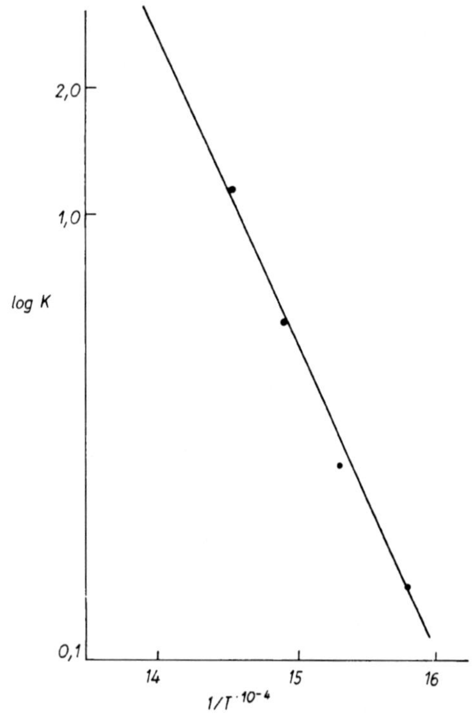

Bild 8. Der Logarithmus der Reaktionsgeschwindigkeitskonstanten in Abhängigkeit von $1/T$

konstanter Geschwindigkeit weitergeht, wurde die Probenmasse G_K zum Zeitpunkt t_K willkürlich gleich Null gesetzt. Somit stellen die Probenmassen $G_{t1,2,3...}$ jeweils die zu den Zeitpunkten $_{t1,2,3...}$ „noch nicht zersetzten" Anteile dar.

In Bild 6 sind die Abbaukurven für verschiedene Meßtemperaturen dargestellt. Bild 7 zeigt, daß ein linearer Zusammenhang zwischen dem Logarithmus der Probenmasse ($G_{t1,2,3...}$) und der Verweilzeit besteht und demzufolge eine Reaktion erster Ordnung für den in diesem Temperaturbereich stattfindenden thermischen Abbau anzunehmen ist. Aus der Steigung der verschiedenen Geraden wurden die entsprechenden Reaktionsgeschwindigkeitskonstanten ermittelt.

Durch Auftragen des Logarithmus der Geschwindigkeitskonstanten gegen die jeweiligen $1/T$-Werte erhält man wiederum eine lineare Beziehung (siehe Bild 8), deren Steigung auf Grund der *Arrhenius*-Gleichung ein Maß für die Aktivierungsenergie liefert:

$$\mathrm{tg}\,\alpha = \frac{E \cdot 0{,}43}{R};$$

E = Aktivierungsenergie in kcal/mol,
R = Gaskonstante in cal.

Auf diese Weise wurden die Aktivierungsenergien des thermischen Abbaus von Polyäthylenterephtalat berechnet. Für den thermischen Abbau unter Luftatmosphäre wurden 42,4 kcal/mol gefunden, für den Abbau unter Stickstoffatmosphäre 48,0 kcal/mol.

Literatur:

[1] *Duval, C.:* Anal. chim. Acta **2** (1948) S. 92; ref. bei *Chiu* [3].
[2] *Jellinek, H. H. G.:* J. Polymer. Sci. **4** (1949) S. 13; ref. bei *Chiu* [3].
[3] *Chiu, J.:* Applications of thermogravimetry to the study of high Polymers. J. appl. Polymer Sci./Appl. Polymer Symposia **2** (1966) S. 25–43.
[4] *Madorsky, S. L.:* Thermal degradation of organic polymers. New York/London/Sydney: Interscience Publishers/Wiley & Sons.
[5] *Friedman, H. L.:* Kinetics of thermal degradation of char-forming plastics from thermogravimetry. Application to a phenolic plastic. J. Polymer Sci.: Part C (1964) 6, S. 183–195.
[6] *Anderson, H. C.:* Thermogravimetry of polymer pyrolysis kinetics. J. Polymer Sci.: Part C. (1964) 6, S. 175 bis 182.
[7] *Doyle, C. D.:* Estimating isothermal life from thermogravimetric data. J. appl. Polymer Sci. **6** (1962) 24, S. 639–642.
[8] *Reich, L.:* A rapid estimation of activation energy from thermogravimetric traces. J. Polymer Sci., Part B. **2** (1964) 6, S. 621–623.
[9] *Gaylord, N. G.*, und *Rosenbaum, S.:* Degradation of polyethylene terephthalate in nitrobenzene at 170°C. J. appl. Polymer Sci. **2** (1959) 4, S. 124.
[10] *Marshall, J.*, und *Todd, A.:* The thermal degradation of polyethylene terephthalate. Trans. Faraday Soc. **49** (1953) 1, S. 67–78.
[11] *Kardaš, J. J., Pravednikov, A. N.*, und *Medvedev, S. S.:* Thermischer Abbau von Polyäthylenterephthalat. Dokl. Akad. Nauk. SSSR (Ber. Akad. Wiss. UdSSR) **156** (1964) S. 658–661.
[12] *Schwenker, R. F., jr., Beck, L. R., jr.*, und *Zuccarello, R. K.:* Applications of differential thermal analysis and dynamic thermogravimetric analysis in textile research. Amer. Dyestuff Rep. **53** (1964) 19, S. 30–40.
[13] *Hughes, M. A.*, und *Sheldon, R. P.:* Some thermal studies on polyethylene terephthalate. J. appl. Polymer Sci. **8** (1964) S. 1541–1548.
[14] *Manley, T. R.:* DTA and its application to polymer science techniques. Polymer Sci. **17** (1963) S. 175–197.
[15] *Zamorsky, Z.:* Kinetik des Wärmeabbaus von Polyäthylenterephthalat und von reinen Mischkondensaten mit Äthylenisophthalat. Faserforsch. u. Textiltechnik **14** (1963) 7, S. 271–274.
[16] *Goodings, E. P.:* Thermal degradation of polymers. Soc. Chem. Ind., Monogr. Nr. 13 (1961) S. 211.
[17] *Straus, S.*, und *Wall, L. A.:* J. Res. nat. Bur. Standards **60** (1958) S. 39; ref. bei *Madorsky* [4].
[18] *Doyle, C. D.:* Estimating thermal stability of experimental polymers by empirical thermogravimetric analysis. Analytic. Chem. **33** (1961) S. 77–78.
[19] *Garn, P. D.:* Thermoanalytical methods of investigation. New York/London: Academic Press 1965.
[20] *Wiesener, E.:* Differential-thermoanalytische Untersuchungen an Polyäthylenterephthalat. I. Ein exothermer Peak im Schmelzbereich. Faserforsch. u. Textiltechnik **19** (1968) 5, S. 235–238.
[21] *Schneider, J. A., Vasile, C., Furnica, D.*, und *Onu, A.:* Über den Einfluß der Aufheizgeschwindigkeit auf die Kinetik des thermogravimetrischen Abbaus von Polymeren. Makromol. Chemie **117** (1968) S. 41–49.
[22] *Duval, C.:* Vorsichtsmaßnahmen bei Anwendung von Thermowaagen. Anal. chim. Acta, Amsterdam **31** (1964) S. 301–314.

Eingegangen am 9. Oktober 1969

Elektronenmikroskopische Untersuchungen an Ultradünnschnitten von Celluloseregeneratfäden

Teil III. Die Struktur von Gelfäden unter variierten Fäll- und Spinnbedingungen[1])

Anneliese Gröbe und Heinz Jürgen Gensrich

Deutsche Akademie der Wissenschaften zu Berlin, Institut für Faserstoff-Forschung in Teltow-Seehof

DK 677.463:677.46.021.5:677.46.021.524:537.533.35:539.25

Es wurden Strukturuntersuchungen an Gelfäden durchgeführt, die in Lösungen von $(NH_4)_2SO_4$, Na_2SO_4, H_2SO_4 und $ZnSO_4$ ersponnen wurden. Die Gelstruktur aller Fäden ist durch eine dreidimensional-netzartige Anordnung der Strukturelemente gekennzeichnet, wobei die Geometrie des Netzes sowie die Größe der Strukturelemente und der Hohlräume in Abhängigkeit von den Koagulatoren und den Verzugskräften variieren.

Электронномикроскопическое исследование ультратонких срезов гидратцеллюлозных волокон

Часть III. Структура гелевидных нитей, полученных в различных условиях формования

Изучена структура гелевидных нитей, сформованных в растворах $(NH)_2SO_4$, Na_2SO_4, H_2SO_4 и $ZnSO_4$. Характерным для всех изученных волокон является трехмерное сетчатое расположение структурных элементов. При этом, геометрия сети и размеры элементов структуры и пор могут быть различны в зависимости от применявшихся осадителей и степени фильерной вытяжки.

Electron microscopic Investigations of Ultrathin Sections of Rayon Fibres.

Part III. The Structure of Gel Filaments obtained under Various Coagulation and Spinning Conditions

The structure of gel filaments obtained in solutions of $(NH_4)_2SO_4$, Na_2SO_4, H_2SO_4 and $ZnSO_4$ has been investigated. All filaments revealed a spatial network structure, the geometry of the network and the size of structure elements and voids varying with the coagulants and the stretching force applied.

1. Einleitung

In den Teilen I und II dieser Arbeit haben wir Präparationsmethoden beschrieben, die es erlauben, Celluloseregeneratfäden ultradünn zu schneiden und ihren inneren strukturellen Aufbau mit dem Elektronenmikroskop zu untersuchen [1, 2]. Es hat sich gezeigt, daß die Einbettung in Methacrylate als Standardmethode verwendbar ist, wenn die Methacrylatmonomeren vor der Einbettung ausreichend vorpolymerisiert werden und die Penetration der Einzelfasern ohne den Initiator Benzoylperoxid erfolgt, so daß Artefakte durch Polymerisationsquellung unterbleiben. Ein weiteres Ergebnis dieser Untersuchungen war, daß der Informationsgehalt von Ultradünnschnitten luftgetrockneter Fäden gering ist. Wird dagegen der primäre Quellungszustand der Fäden erhalten, den sie nach dem Verlassen des Spinnbades und nach schonender Regeneration besitzen, so gelingt es, morphologische Einzelheiten der Fadenstruktur zu erkennen. Den primären Quellungszustand bewahrten wir durch Lösungsmittelaustausch bzw. Gefriertrocknung der Fäden. Er charakterisiert den Gelzustand, und wir können Rückschlüsse auf die ursprünglich durch Koagulation entstandene Struktur ziehen. Damit war die Möglichkeit gegeben, Fäden dem Spinnprozeß zu entnehmen und Informationen über die Struktur von Celluloseregeneratfäden in verschiedenen Stadien des Spinnprozesses zu gewinnen.

Zwei Faktoren nehmen Einfluß auf die entstehende Gelstruktur. Das ist einmal der Lösungszustand der verwendeten Viskose und zum anderen die spezifische Wirkung des angewandten Koagulators [2 bis 8]. Um den Einfluß des Lösungszustandes der Viskose auf die Gelstruktur konstant zu halten, verwendeten wir für alle unsere Versuche ein und dieselbe Viskosezusammensetzung.

Uns interessierte hier im wesentlichen der Einfluß der im technischen Spinnprozeß üblichen Spinnbadbestandteile auf die Struktur der entstehenden Gelfäden. Wir verwendeten deshalb zunächst einkomponentige Spinnbäder zur Herstellung unserer Versuchsfäden, wie Lösungen von Ammoniumsulfat, Natriumsulfat, Schwefelsäure und Zinksulfat, um die spezifische Wirkung dieser Koagulatoren bei der Fadenbildung unter angenähert technischen Bedingungen kennnen zu lernen, sodann kombinierten wir diese Elektrolyte zu technisch möglichen Spinnbädern. Damit verfolgten wir einerseits das Ziel, die Wirkung zusammengesetzter Elektrolytlösungen auf die Gelstruktur sichtbar zu machen, und zum anderen wollten wir mit diesen Untersuchungen Anschluß an technische Bedingungen gewinnen, um die benutzte Methodik für die Anwendung im Spinnprozeß vorzubereiten [31].

Über die Morphologie der in Ammoniumsulfatlösungen hergestellten Fäden wurde bereits in den Teilen I und II berichtet. Die Gelstruktur dieser Fäden ist durch ein dreidimensionales Cellulosenetzwerk charakterisiert, das sich aus Fibrillen von ca. 100 Å Durchmesser aufbaut. Es umschließt ein beträchtliches Hohlraumvolumen. In dem vorliegenden Teil soll über den Einfluß von Verzug und Reckung auf die Netzstruktur dieser „Ammonsulfatfäden" berichtet werden. Weiterhin wird die Gelstruktur der Fäden besprochen, die wir in folgenden Lösungen erspannen: 2n Na_2SO_4, 2n H_2SO_4 und 2n $ZnSO_4$.

2. Untersuchungsmaterialien

Die Einzelheiten der Fadenherstellung und der Spinnumstände sind bereits ausführlich im ersten Teil dieser Veröffentlichungsreihe beschrieben worden [1]. Die Viskose hatte eine Zusammensetzung von 8,3% Cellulose, 6,0% Alkali und war mit 47% CS_2 sulfidiert. Gesponnen wurde die Viskose mit einer Hottenroth-Reife von 20 °H in Spinnbäder mit einer Temperatur von 20 °C. Die Fadenproben entnahmen wir bei einem Düsenabstand von 500 mm durch Aufwickeln auf eine Hilfsgalette. Tabelle 1 enthält die Spinn- und Präparationsparameter sowie die Kurzbezeichnungen, mit denen wir die Fäden kennzeichneten. Alle Proben wurden nach der Zersetzung des Cellulosexanthogenats in den jeweiligen Elektrolytlösungen (Zimmertemperatur) mit destilliertem Wasser salzfrei und neutral gewaschen und nach den angegebenen Verfahren getrocknet und eingebettet.

[1]) Teil II s. [2].

Tabelle 1: Spinn- und Präparationsparameter der untersuchten Fadenproben

Koagulations- bzw. Spinnbad	Verzug*) und Reckung	Zersetzungslösung (ca. 20 °C)	Trocknungsverfahren [1]	Einbettungsmittel und -verfahren [1]	Fadenkurzbezeichnung
2 n $(NH_4)_2SO_4$	starke Stauchung**)	2 n $(NH_4)_2SO_4$	Lösungsmittelaustausch	vorpolymerisiertes Methacrylat	A
2 n $(NH_4)_2SO_4$	Verzug 2	2 n $(NH_4)_2SO_4$	Lösungsmittelaustausch, Gefriertrocknung	vorpolymerisiertes Methacrylat DURCUPAN ACM	B
2 n $(NH_4)_2SO_4$	Verzug 2 Verstreckung 60%	2 n $(NH_4)_2SO_4$	Lösungsmittelaustausch	vorpolymerisiertes Methacrylat	C
2 n $(NH_4)_2SO_4$ (63 °C)	Verzug 1	2 n $(NH_4)_2SO_4$	Lösungsmittelaustausch	vorpolymerisiertes Methacrylat	D
2 n Na_2SO_4	(Verzug 2)	2 n Na_2SO_4	Lösungsmittelaustausch	vorpolymerisiertes Methacrylat	E
2 n H_2SO_4	Verzug 2	2 n H_2SO_4	Lösungsmittelaustausch	vorpolymerisiertes Methacrylat DURCUPAN ACM	F
2 n $ZnSO_4$ (pH-Wert 2,2)	(Verzug 2)	2 n $ZnSO_4$	Lösungsmittelaustausch	vorpolymerisiertes Methacrylat	G
2 n $ZnSO_4$ (63 °C)	(Verzug 1)	2 n $ZnSO_4$	Lösungsmittelaustausch	vorpolymerisiertes Methacrylat	H

*) $\text{Verzug} = \dfrac{\text{Abzugsgeschwindigkeit an der Galette 1}}{\text{Ausspritzgeschwindigkeit der Viskose}}$

**) Stauchung: Verzug < 1

3. Darstellung der Ergebnisse

3.1. Der Einfluß von Verzug und Reckung auf die Morphologie der Ammonsulfatfäden

Wie bereits erwähnt, ist die Querschnittsstruktur der Fadenprobe B (in Teil II [2] als „Ammonsulfatfäden“ bezeichnet) durch eine dreidimensionale Netzstruktur charakterisiert [1, 2]. Dieses Cellulosenetzwerk schien uns als Modell geeignet, morphologische Veränderungen, die durch Verzug und Reckung hervorgerufen werden, im elektronenmikroskopischen Bild darzustellen. Zur Auswertung beschränkten wir uns hierbei auf die Veränderungen der Geometrie des Netzes und der Größe sowie Form der Hohlräume.

Die Proben A, B und C sind in Ammoniumsulfatlösungen ersponnene Celluloseregeneratfäden, deren Verzugs- und Reckverhältnisse variiert wurden (siehe Tabelle 1). Die Bilder 1 bis 3 zeigen diese Fadenproben in Quer- und Längsschnitten.

Probe A, unter starker Stauchung ersponnen — d. h., die Fäden wurden ohne Abzug durch Ausspritzen der Viskose in das Bad erzeugt —, läßt ein sehr engmaschiges Netz erkennen mit Hohlräumen von <100 bis 1000 Å Durchmesser (Bild 1a und 1b). Zwischen dem Längsschnitt und dem Querschnitt dieser Probe treten keine wesentlichen Unterschiede auf. Die fibrillaren Strukturelemente, die die Maschen des Netzes bilden, verteilen sich sowohl im Längs- als auch im Querschnitt regellos

Bild 1a. Probe A, Querschnitt; Polymethacrylat mit Benzoldampf gelöst; Pd-beschattet
Vergrößerung 8000:1

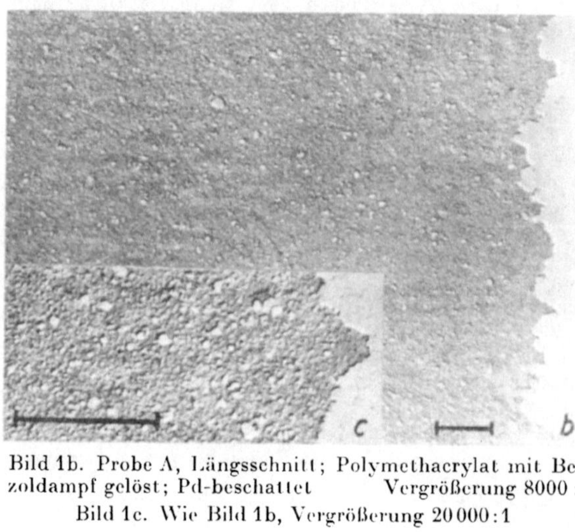

Bild 1b. Probe A, Längsschnitt; Polymethacrylat mit Benzoldampf gelöst; Pd-beschattet Vergrößerung 8000 : 1
Bild 1c. Wie Bild 1b, Vergrößerung 20000:1

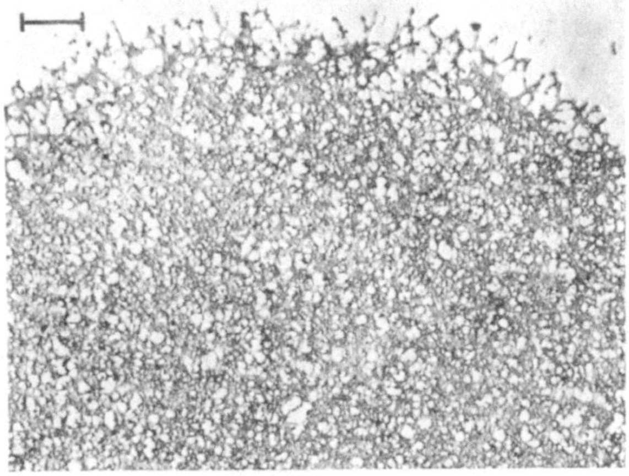

Bild 2a. Probe B, Querschnitt, Polymethacrylat mit Benzoldampf gelöst; Pd-beschattet
Vergrößerung 8000:1

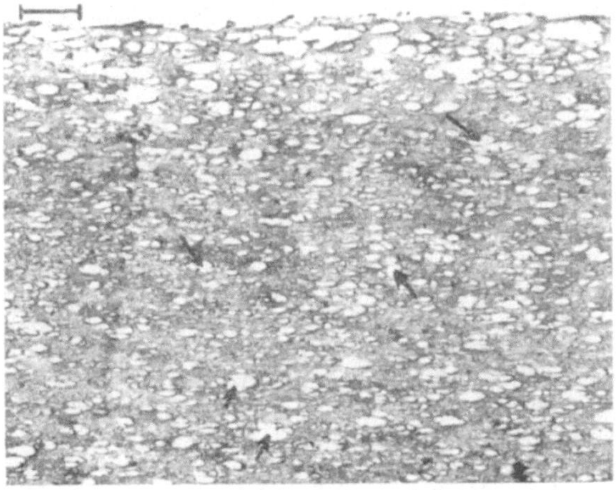

Bild 2b. Probe B, Längsschnitt; Polymethacrylat mit Benzoldampf gelöst; Pd-beschattet
Vergrößerung 8000:1

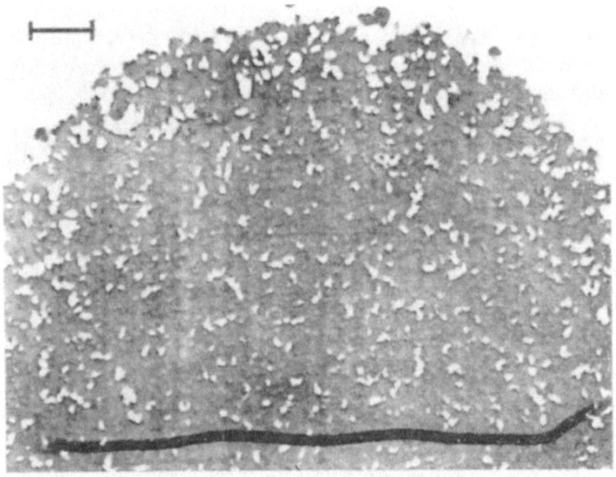

Bild 3a. Probe C, Querschnitt; Polymethacrylat mit Benzoldampf gelöst; Pd-beschattet
Vergrößerung 8000:1

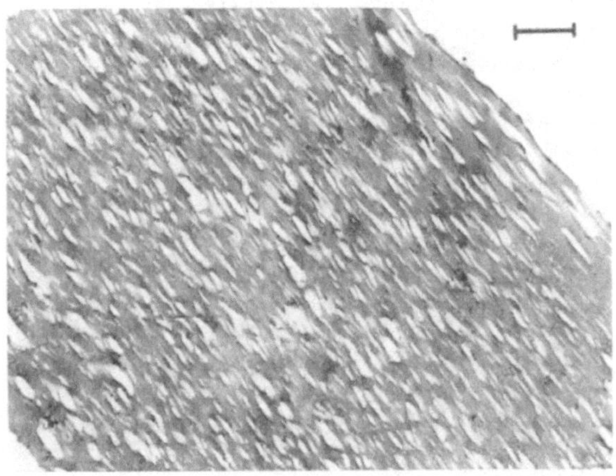

Bild 3b. Probe C, Längsschnitt; Polymethacrylat mit Benzoldampf gelöst; Pd-beschattet
Vergrößerung 8000:1

dreidimensional, und die Hohlräume sind in beiden Schnitten rund, so daß keine bevorzugte Orientierung in dieser Probe festzustellen ist.

Die mit Verzug 2 ersponnenen Fadenprobe *B* wird in den Bildern 2a und 2b dargestellt. Gegenüber der Fadenprobe A ist eine wesentliche Auflockerung der Querschnitts- und der Längsschnittsfläche dahingehend eingetreten, daß zusätzlich viele große Hohlräume entstanden sind. So können wir hier in Bild 2a Hohlräume im Bereich von <100 bis 4000 Å Durchmesser ausmessen (s. a. Teil I). Die Wirkung des Verzuges erkennt man besonders deutlich am Längsschnitt dieser Probe (Bild 2b): Ein großer Teil der fibrillaren Strukturelemente ist annähernd parallel zur Fadenachse orientiert. Im Vergleich zu Bild 1b sind die Hohlräume nicht rund, sondern verlaufen elipsenförmig längs der Achse des Fadens.

Wie sich aus dem Vergleich der Bilder 1a und 2a ergibt, treten ebenfalls starke Veränderungen an der Fadenperipherie auf. Bild 1a (Probe A) zeigt ein dichtes Cellulosenetz bis zur Fadenperipherie, Bild 2a (Probe B) dagegen eine sehr stark zerklüftete Randzone. Diese morphologischen Veränderungen der Randzone müssen als Auswirkung des Verzuges diskutiert werden, d. h., das Netz wird durch die Verzugskräfte zerrissen. Im Teil II [2] untersuchten wir Probe B (Ammonsulfatfäden) und stellten das Fehlen einer Primärmembran als Fadenbegrenzung fest. Diesen Befund können wir nun durch das Einwirken der Verzugskräfte erklären, die die Primärmembran zerstören.

Wie kann man sich nun die Aufweitung des Netzwerkes beim Spinnen mit hohem Verzug gegenüber dem Spinnen mit starker Stauchung erklären? Im Prozeß der Gelbildung läuft der Zone des fixierten Gels ein Vorzonengel mit noch nicht fixierten Haftpunkten voran [8]. Da die Verzugskräfte bereits während des Austritts der Viskose aus dem Düsenkanal angreifen, werden in diesem Stadium die vorhandenen Strukturlemente in Richtung der Fadenachse verzogen und können im Vorzonengel aneinander abgleiten und sich verschieben, bevor sie endgültig, nun aber vororientiert, im Gelnetz fixiert werden. Durch das Abgleiten von Strukturelementen im Vorzonengel kommt es auch zum Öffnen von Hohlräumen. Der Verzug bewirkt gleichzeitig eine Kontraktion des entstehenden Gels, wodurch freiwerdendes Dehydratationswasser ausgepreßt wird. Es sammelt sich in den gebildeten Hohlräumen und stabilisiert diese. Bild 2b zeigt mehrere solche Hohlräume, in denen voneinander abgeglittene Strukturelemente sichtbar sind (s. Pfeile).

Reckt man Probe B zusätzlich um 60% (Probe C), so tritt eine weitere Veränderung am Querschnitt des Fadens auf (Bild 3a). Wir können eine Strukturverdichtung feststellen. Im wesentlichen sind nur noch große Hohlräume sichtbar. Der Längsschnitt (Bild 3b) zeigt deutlich den Einfluß der Reckung. Die Hohlräume sind gegenüber dem Bild 2b wesentlich stärker längs der Fadenachse verzogen, so daß sie teilweise nur noch als Spalten zwischen den Fibrillensträngen auftreten. Auch die fibrillaren Strukturelemente weisen eine starke Längsorientierung auf, so daß quer zur Fadenachse kaum noch Strukturelemente verlaufen. Diese starke Längsorientierung ergab eine Zusammenlagerung vieler Fibrillen zu breiteren Strängen und demzufolge eine Strukturverdichtung, oder anders ausgedrückt, eine Verminderung der Zahl der kleinen Hohlräume.

Zusammenfassend kann man zum Problem Verzug und Reckung folgendes sagen: Erzeugt man einen Ammonsulfat-Gelfaden unter starker Stauchung, so erhält man ein Gelnetz mit isometrischer Verteilung der Strukturelemente in allen drei Raumrichtungen. Bei Anwendung von starkem Verzug während der Fadenbildung werden die Strukturelemente im Bereich des Vorzonengels längs der Fadenachse vororientiert und in diesem Zustand in das Gelnetz eingebaut. Damit kann der Verzug (ebenso wie der Lösungszustand der Viskose und die Koagulation) als ein weiterer Faktor betrachtet werden, der die Ausbildung der Fadenstruktur bestimmt. Die Reckung dagegen modifziert das jeweils vorgebildete Gelnetz, indem sie es deformiert. Ein bereits vororientiertes Gelnetz läßt deshalb bis zur Parallelisierung seiner Strukturelemente keine starke Reckung mehr zu. Man erreicht aber durch die Reckung eine weitgehende Ausrichtung aller Strukturelemente längs der Fadenachse. Für den Fall starker Stauchung muß man diskutieren, daß das unorientierte Gel erst durch eine Reckung in Richtung der Fadenachse verzogen wird. In einem solchen Prozeß kann man aber keine vollständige Parallelisierung der Strukturelemente erwarten. Vielmehr bleiben auch senkrecht zur Fadenachse verlaufende Strukturelemente zurück, die Hohlraumgehalt und Ordnungsbereiche beeinflussen können.

Aus dem geschilderten Mechanismus läßt sich ableiten, warum ein bereits unter hohem Verzug ersponnener Faden nicht mehr stark gereckt werden kann, während es andererseits aber möglich ist, einen nur wenig vororientierten, d. h. unter Stauchung entstandenen Faden (Verzug <1) wesentlich nachzurecken. Diese Vorstellungen entsprechen den Erfahrungen [9, 10]. So kann man diesen Zusammenhang direkt aus dem Nomogramm zur Bestimmung von Reckung und Verzug bzw. Düsenlochdurchmesser, Elementarfadenfeinheit und Cellulosekonzentration von *Treiber* [9] entnehmen.

3.2. Einfluß der Badtemperatur auf die Gelstruktur der Ammonsulfatfäden

Die bisher besprochenen Versuche führten wir an Fäden durch, die bei einer Spinnbadtemperatur von 20 °C hergestellt wurden.

Bild 4 zeigt den Querschnittsausschnitt eines Fadens, den wir mit einem Verzug von 1 in einer 2 n Ammoniumsulfatlösung von 63 °C erspannen (Probe D) und in einer 2 n $(NH_4)_2SO_4$-Lösung von Zimmertemperatur zersetzten. Der Querschnitt läßt ein dichtes Cellulosenetz erkennen, in das große Hohlräume mit Durchmessern von 0,1 bis 1 μm eingelagert sind.

Diese Hohlräume unterscheiden sich charakteristisch von dem Hohlraumsystem der bisher untersuchten Fäden (A, B, C). Die Hohlräume in den Fäden A, B und C sind Zwischenräume der dreidimensional vernetzten Fibrillen. In sie ragen kurze Strukturelemente hinein, die in der dritten Dimension liegen und bei der Ultradünnschnittherstellung z. T. durchtrennt wurden.

In den großen Hohlräumen, die durch die Erhöhung der Spinnbadtemperatur entstanden sind, beobachtet man keine Strukturelemente. Diese Hohlräume sind nicht Bestandteile des sehr dichten Gelnetzes, vielmehr ist dieses Gelnetz auseinandergedrängt worden und bildet eine konzentrische Schale um jeden Hohlraum. Daraus kann man schließen, daß diese Hohlräume erst nach der Fixierung des Gels entstanden sind. Bei abgeschlossener Fixierung des Gelnetzes können entstehende Zersetzungsprodukte des Cellulosexanthogenats derartige Hohlräume bilden. Sie sind deshalb als Sammelbecken der Zersetzungsprodukte zu betrachten, wobei offen bleibt, ob die Zersetzungsprodukte flüssig oder gasförmig waren.

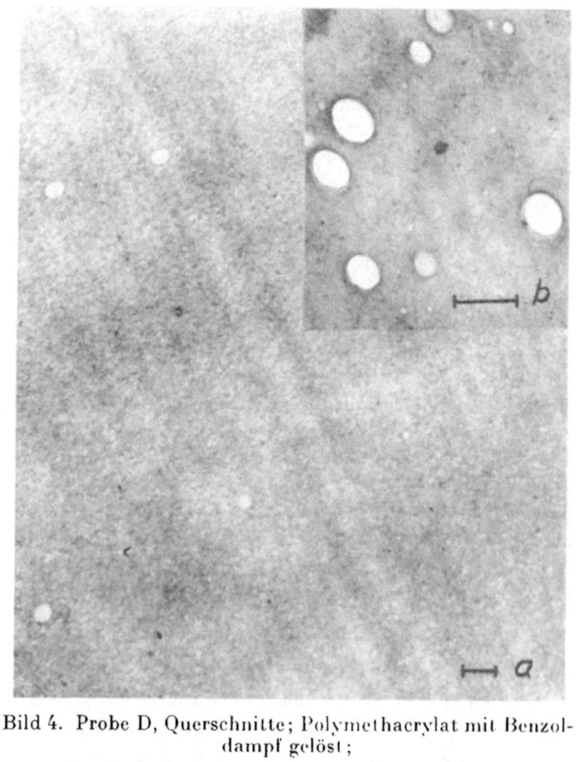

Bild 4. Probe D, Querschnitte; Polymethacrylat mit Benzoldampf gelöst;
a) unkontrastiert Vergrößerung 5000 : 1 b) mit Pd beschattet Vergrößerung 9000 : 1

Aus den Untersuchungen von *Coalson*, *Day* und *Marchessault* [11] geht hervor, daß z. B. bei der Zersetzung von Cellulosexanthogenat entstehender flüssiger Schwefelkohlenstoff eine solche Wirkung ausüben kann. Die Autoren koagulierten Viskosefilme in Ammoniumsulfatlösungen. Regenerierten sie diese Filme in 2,45 n H_2SO_4 bei 30 °C, so wiesen die Ultradünnschnitte ein dichtes Cellulosenetz mit einer Vielzahl von großen Hohlräumen auf, die den von uns in Bild 4 gezeigten Hohlräumen entsprechen. Zersetzten sie dagegen die Xanthogenatfilme in 2 n $(NH_4)_2SO_4$ (30 °C), so entstanden keine großen Hohlräume. Aus diesem Ergebnis schlossen die Autoren, daß durch 2,45 n H_2SO_4 eine spontane Zersetzung des Cellulosexanthogenates erfolgt, wodurch der CS_2 sich tropfenförmig ausscheidet. Eine langsame Zersetzung in der Ammoniumsulfatlösung verursacht dagegen keine Hohlraumbildung, da die sich bildenden Zersetzungsprodukte in Lösung abdiffundieren können.

Ziehen wir den Schluß aus den zitierten und den vorliegenden Ergebnissen, so ist die Zersetzungsgeschwindigkeit des Cellulosexanthogenates ausschlaggebend für die Entstehung solcher Hohlräume, unabhängig davon, ob man sie durch Erhöhung der Spinnbadtemperatur oder durch eine hohe Schwefelsäurekonzentration in der Zersetzungslösung erreicht.

3.3. Die Morphologie von Fäden, die durch Koagulation von Viskose in Natriumsulfatlösungen hergestellt wurden

Unter den in Teil I [1] angegebenen Versuchsbedingungen stellten wir uns Fäden in einem Koagulationsbad von 2 n Natriumsulfat bei 20 °C her (Faden E). Der Spinnvorgang ist im Gegensatz zum Spinnen in Ammoniumsulfatlösungen nicht sehr stabil, und die Fäden neigen leicht zum Verkleben. Nach 500 mm Badstrecke hatten die Gelfäden noch den gleichen Gammawert wie die Ausgangsviskose.

Bild 5 zeigt den Querschnitt der Probe E. Wie Probe B (Bild 2 a) wird sie durch eine dreidimensionale Netzstruktur der Cellulosesubstanz gekennzeichnet. Es fällt die stärkere Aufweitung des Netzes an der Fadenperipherie auf. Eine zusammenhängende Membran als Begrenzung des Fadens existiert nicht. Das führen wir ebenfalls, wie bei Probe B, auf die angreifenden Verzugskräfte während der Fadenherstellung zurück.

Bild 6 läßt sehr deutlich den fibrillaren Aufbau des Netzwerkes der Probe E erkennen. Fibrillen von ca. 100 Å Durchmesser sind auch hier an vielen Stellen auszumessen. Bevorzugt ist jedoch eine daraus zusammengesetzte Fibrille von ca. 200 bis 400 Å Durchmesser, die hier das eigentliche Netz bildet. Dieser Befund stellt den wesentlichen Unterschied zur Probe B dar, die, wie in Teil II [2] näher ausgeführt, überwiegend Fibrillen von ca. 100 Å Durchmesser (90 bis 170 Å) und nur wenige Aggregationen von 200 bis 400 Å Durchmesser enthält. Die zwischenfibrillaren Hohlräume im Innern des Fadenquerschnittes haben Durchmesser von <100 bis 4000 Å, bevorzugt 1000 bis 2500 Å. Das Randgebiet des Fadenquerschnittes (Bild 5) enthält eine Vielzahl großer Hohlräume bis zu 1,5 μm Durchmesser.

Die Erhöhung der Spinnbadtemperatur auf 63 °C bringt prinzipiell die gleichen Ergebnisse wie bei Probe D, d. h., es entstehen im Gelnetz der Fäden durch lokale Ansammlungen von Zersetzungsprodukten des Cellulosexanthogenates große Hohlräume.

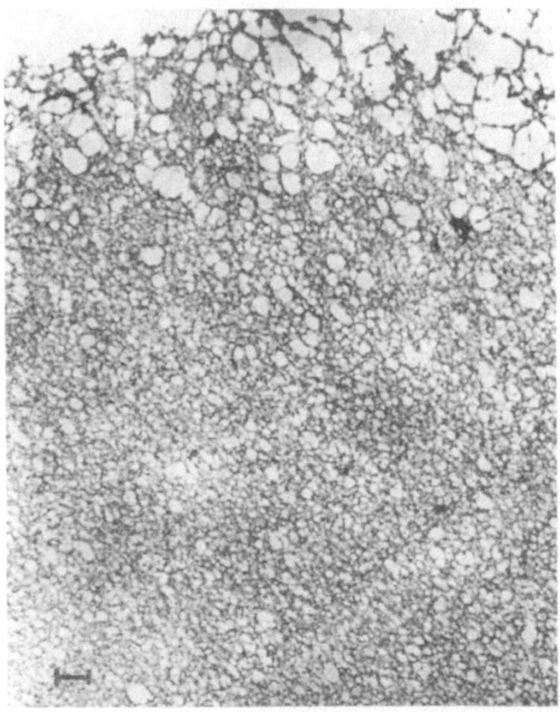

Bild 5. Probe E, Querschnitt; Lösungsmittelaustausch, Polymethacrylat mit Benzoldampf gelöst; unkontrastiert
Vergrößerung 5000 : 1

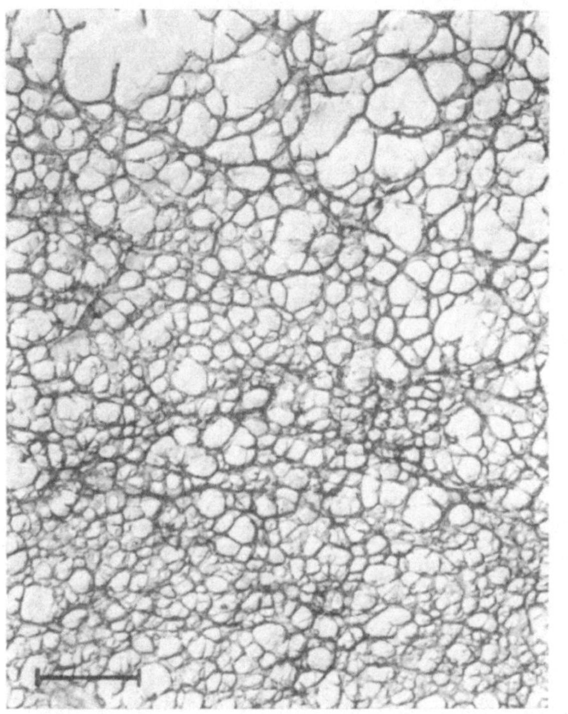

Bild 6. Probe E, Querschnitt; Gefriertrocknung, Polymethacrylat mit Benzoldampf gelöst; Pd-beschattet
Vergrößerung 15000 : 1

3.4. Die Morphologie von Gelfäden, ersponnen in 2 n Schwefelsäure

Bild 7 zeigt den Querschnittsausschnitt eines Fadens, der in 2 n H_2SO_4 ersponnen wurde (Probe F). Als Fadenbegrenzung ist eine Membran von 800 bis 1200 Å Stärke vorhanden. Sie wird aus orientierten Strukturelementen aufgebaut, die in Richtung der Fadenachse verlaufen. Das erkennt man an dem punktförmigen Aufbau der Membran. Eine ähnliche Strukturierung der Außenmembran fanden *Jayme* und *Balser* [29] bei CELLOPHAN. Innerhalb dieser dichtgepackten Membran befinden sich sehr kleine Hohlräume von 100 Å Durchmesser und darunter. Zum Fadeninnern hin schließt sich wieder das bekannte lockere Netzwerk an. Nur unmittelbar im Anschluß an die Membran haben wir eine Übergangszone, in der das Netz etwas dichter erscheint. Als kleinste Struktureinheit ist wieder eine Fibrille von ca. 100 Å Breite auszumessen. Sie hat eine Länge bis zu 1000 Å. In stärkerem Maße treten Zusammenlagerungen dieser 100-Å-Fibrillen auf. Die Stärke dieser Aggregationen beträgt 200 bis 400 Å. An den Verknüpfungspunkten des Netzes sind an vielen Stellen Verdickungen von 200 bis 400 Å Durchmesser zu erkennen. Man kann annehmen, daß diese Verdickungen z. T. quergeschnittene Fibrillen darstellen.

Außerdem gibt es vereinzelt noch größere Struktureinheiten, besonders in der Nähe der Außenmembran. Sie können aber in die angegebenen Untereinheiten aufgelöst werden. Zwischen den Maschen des Netzes sind Hohlräume von 100 bis 3000 Å Durchmesser vorhanden. Nur vereinzelt treten auch Hohlräume bis zu 5000 Å Durchmesser auf.

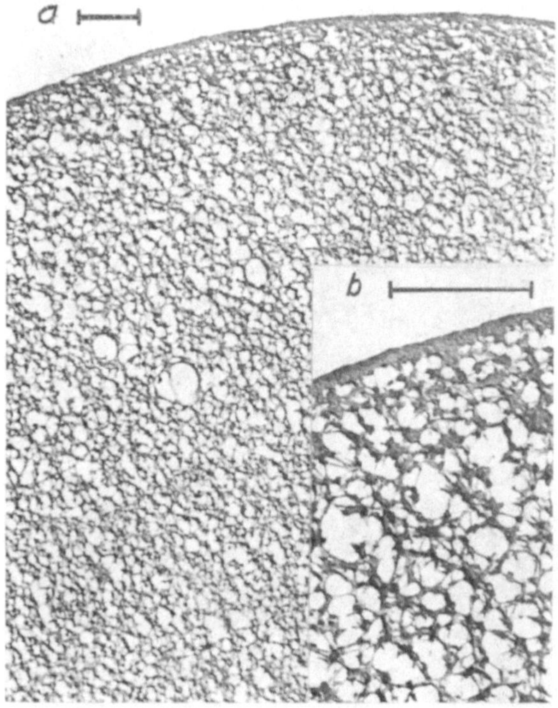

Bild 7. Probe F, Querschnitt; Polymethacrylat mit Benzoldampf gelöst; Pd-beschattet
a) Vergrößerung 9000 : 1
b) Vergrößerung 21000 : 1

Wesentliches Unterscheidungsmerkmal zu Probe E ist die stabile Membran als Fadenbegrenzung. Es ist anzunehmen, daß diese Membran sehr schnell durch spontane Zersetzung des Cellulosexanthogenates zu Hydratcellulose entsteht. Die Reaktion ist möglich, solange keine Diffusionsbehinderung für die H_2SO_4 durch die entstehende Membran existiert und die Aktivität der Schwefelsäure durch das NaOH in der Viskose nicht vermindert wird. Sowie das in bedeutendem Maße der Fall ist, hört die Membranbildung auf (Übergangszone in Bild 7). Das darauf folgende Netz unterscheidet sich in bezug auf die Strukturelemente nicht wesentlich zur Probe E (Na_2SO_4). Diesen Umstand kann man damit erklären, daß sich während der Membranbildung und im weiteren Verlauf der Diffusion der H_2SO_4 in den Faden durch Neutralisation des freien Alkali der Viskose sofort Na_2SO_4 bildet. Dieses Na_2SO_4 ist entscheidend an der Koagulation der Viskose beteiligt, und wir beobachten deshalb eine der Probe E ähnliche Strukturierung. *Paul*, *Gröbe* und *Jost* [12] konnten autoradiographisch nachweisen, daß die SO_4^--Ionen beim Viskosespinnprozeß tatsächlich bereits am Neutralpunkt den gesamten Faden durchdrungen haben. Auch *Nakai* [4] stellte fest, daß die Koagulationsgeschwindigkeit des H^+-Ions beim ersten Zusammentreffen von Säure und Viskose sehr groß ist; sie hängt aber im übrigen vom Säure/Alkali-Verhältnis zwischen Fällbad und Viskose ab und liegt nahe der des Na^+-Ions. Dieser Wirkungsgradient des H^+-Ions kann gut an Hand der von uns beobachteten Morphologie erklärt werden und stellt gleichzeitig eine Stütze für den geschilderten Mechanismus der Gelbildung durch H_2SO_4 unter Mitwirkung des Na_2SO_4 dar.

3.6. Die Morphologie von Gelfäden, die in einer 2 n $ZnSO_4$-Lösung ersponnen wurden

Einen wichtigen Bestandteil besonders von Cord- und Supercordspinnbädern stellt das $ZnSO_4$ dar. Ihm wird eine besondere Rolle beim Fadenbildungsmechanismus für die Ausbildung einer speziellen Struktur zugesprochen, die für die Verbesserung der Eigenschaften der Fäden verantwortlich ist.

Uns interessierte zunächst einmal, welche Struktur ein Faden aufweist, der nur in $ZnSO_4$ koaguliert wurde (Probe G). Wir verwandten eine 2 n-Lösung als Spinnbad. Der Spinnvorgang in einem solchen Bad ist erwartungsgemäß schwierig, da die Nebenprodukte der Viskose sofort Niederschläge mit dem Zink bilden (ZnS, $ZnCS_3$ usw.). Es war deshalb kein einwandfreier Spinnverlauf möglich, vielmehr verstopften die Düsenlöcher sehr schnell, so daß teilweise nur wenige Kapillaren aus der 18-Loch-Düse spannen. Wir können deshalb keine genauen Angaben über die Verzugsverhältnisse machen. Bei einer Badtemperatur von 20 °C hatten die Fäden nach 500 mm Badstrecke noch den γ-Wert der verwendeten Viskose. Die Zersetzung führten wir in 2 n $ZnSO_4$-Lösung durch, so daß zwischenzeitlich das gesamte Cellulosexanthogenat als Zinkcellulosexanthogenat vorlag. Alle anderen Parameter der Herstellung und der elektronenmikroskopischen Präparation sind in Tabelle 1 aufgeführt.

Bild 8 zeigt einen Querschnittsausschnitt der Probe G. Gegenüber allen bisher untersuchten Proben läßt dieser Ultradünnschnitt eine wesentliche Veränderung der

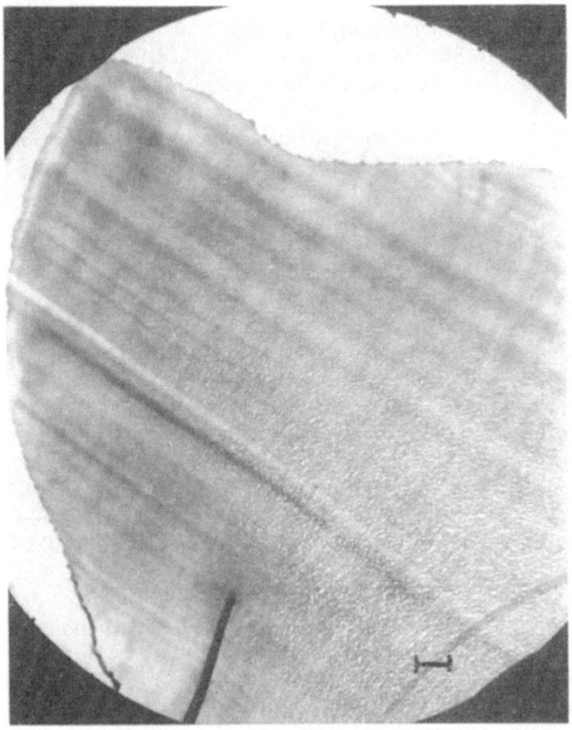

Bild 8. Probe G, Querschnitt; Polymethacrylat mit Benzoldampf gelöst; Pd-beschattet
Vergrößerung 5000:1

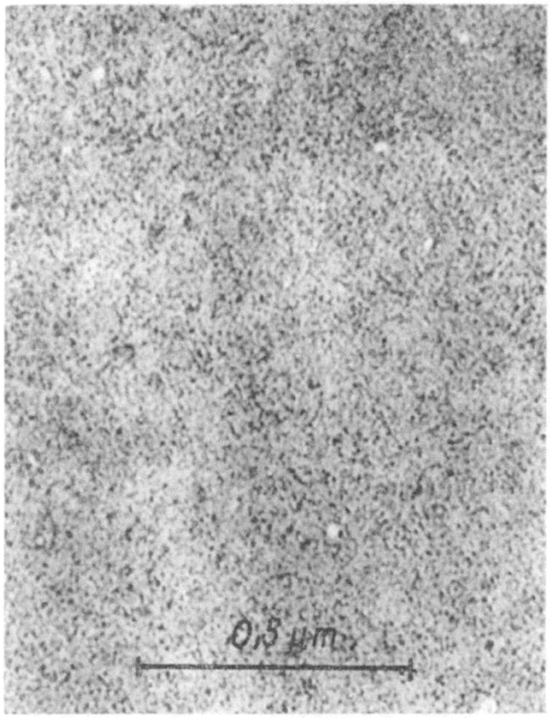

Bild 9. Probe G, Querschnitt; Polymethacrylat mit Benzoldampf gelöst; unbeschattet
Vergrößerung 80000 :1

Struktur erkennen. Die Randzone besteht aus sehr dicht gepackter Cellulosesubstanz, die erst zum Fadenmittelpunkt allmählich lockerer wird und in ein deutlich sichtbares Cellulosenetz übergeht mit Hohlräumen von 200 bis 500 Å Durchmesser und Strukturelementen von 100 bis 400 Å Breite. Der Fadenoberfläche ist eine körnige, stark elektronenstreuende Substanz aufgelagert, die in Bild 8 links unten als schwarze Schicht erscheint. Wie wir in anderen Untersuchungen zeigen konnten, handelt es sich hierbei um ZnS [13]. Diese Verbindung wird während des Zersetzungsprozesses des Celluloseeanthogenats in der $ZnSO_4$-Lösung in großen Mengen gebildet. Da wir die Fäden nach ihrer Zersetzung nur mit destilliertem Wasser behandelten, verblieb das ZnS (und die anderen bei der Zersetzung entstehenden Zink/Schwefel-Verbindungen) größtenteils im Faden. Ausdruck dafür ist Bild 9. Es zeigt einen Ausschnitt der Randzone von Probe G bei hoher Vergrößerung. Die schwarzen Punkte in der Querschnittsfläche stellen ZnS dar, das sich zwischen den Strukturelementen der Cellulose befindet. Die Strukturelemente selbst enthalten kein ZnS und werden deshalb als helle Bereiche abgebildet. Diese Art der Kontrastentstehung im elektronenmikroskopischen Bild ist ein dem Absorptionskontrastverfahren analoger Vorgang. Das Absorptionskontrastverfahren, das stark elektronenstreuende Verbindungen wie Phosphorwolframsäure oder Uranylacetat nachträglich in die zugänglichen Bereiche der Cellulose einbringt, ist nach Untersuchungen von *H.* und *H. Dolmetsch* [14, 15, 16] besonders geeignet, Fibrillen und Kristallite in nativen und regenerierten Cellulosen darzustellen. Bei der Zersetzung des Zinkcellulosexanthogenates zu Hydratcellulose entsteht die kontrastgebende Verbindung (ZnS) gleichmäßig in allen Bereichen der Probe, so daß hier günstige Bedingungen für die Entstehung des Absorptionskontrastes vorliegen. Das abgeschiedene ZnS gibt sich vorwiegend punktförmig mit Durchmesser von 40 bis 100 Å zu erkennen. Eine solche Anordnung des ZnS spricht dafür, daß es sich in Hohlräumen zwischen den Strukturelementen befindet. Die Strukturelemente haben einen Durchmesser von 40 bis 60 Å mit einem starken Maximum der Verteilung bei 55 Å. Ihre Länge ist nicht exakt zu ermitteln; von Verknüpfungsstelle zu Verknüpfungsstelle des Netzes sind jedoch Abstände zwischen 70 und 250 Å auszumessen. An vielen Stellen erkennt man auch punktförmige Strukturen, die einen Durchmesser von 40 bis 70 Å besitzen. Sie stellen sicher quergeschnittene Strukturelemente dar, die nicht in der Abbildungsebene verlaufen. Auf Grund der Abmessungen muß man schließen, daß es sich hier um die Elementarfibrille der Cellulose handelt.

Einen Überblick über Elementarfibrillen in *nativer* Cellulose geben *Frey-Wyssling*, *Mühlethaler* und *Muggli* [17], *Heyn* [18] sowie *Dolmetsch* und *Dolmetsch* [14, 15, 16] und *Ruck* [19, 21]. Es werden Werte zwischen 20 und ~ 100 Å zitiert. *Frey-Wyssling* u. Mitarb. sowie *Heyn* nehmen einen Elementarfibrillendurchmesser von ca. 35 Å an. *Dolmetsch* sieht eine Fibrille von ca. 55 Å Durchmesser als Elementarfibrille an, wobei er diese Struktureinheit auch in einigen Celluloseregeneratfäden findet. *Ruck* [19] diskutiert eine Elementarfibrille von ca. 54 Å Durchmesser als einzigen Grundbaustein von Celluloseregeneratfäden. Im allgemeinen werden bei Celluloseregeneratfäden und anderen Celluloseregeneraten auch Fibrillen bzw. Kristallite mit Abmessungen von 20 bis ~100 Å, aber auch darüber diskutiert [14, 16, 19 bis 22].

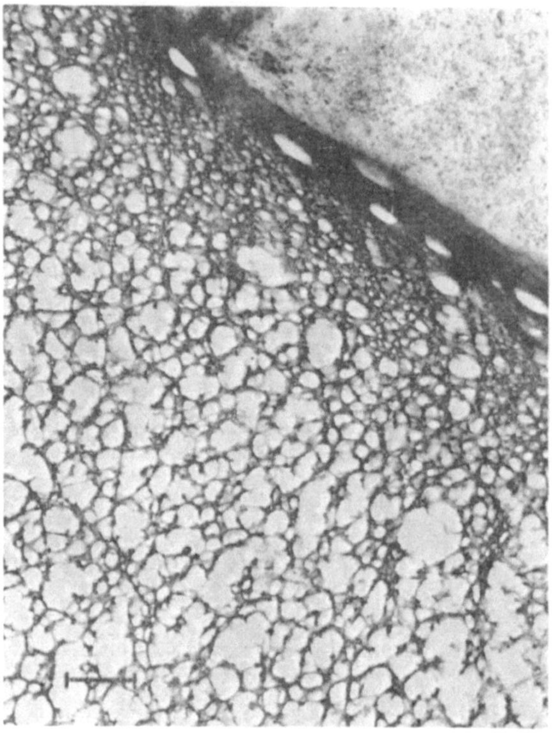

Bild 10. Probe H, Querschnitt; Polymethacrylat mit Benzoldampf gelöst; Pd-beschattet
Vergrößerung 10000 :1

Für Unterschiede in den Abmessungen geben *Heyn* [18] sowie *Dolmetsch* und *Dolmetsch* [14, 16] methodische Gründe an. Sie treten im allgemeinen zwischen röntgenographisch und elektronenmikroskopisch gewonnenen Abmessungen auf. Bei elektronenmikroskopischen Untersuchungen sind die Abmessungen von der Kontrastierungsart abhängig. Metallbeschattete Präparate ergeben oft einen zu großen Wert, wogegen die Negativkontrastierung zu niedrige Werte liefern soll. Auf Grund dieser Einflüsse und einer Abschätzung ihrer Wirkung auf die Abmessungen der Elementarfibrillen hält *Dolmetsch* [14, 16] einen Durchmesser von 55 Å für wahrscheinlich.

Wir fanden in Celluloseregeneraten mit der Metallbeschattung Fibrillen von ca. 100 Å und mit der Absorptionskontrastmethode bei Probe G ($ZnSO_4$) Fibrillen von ca. 55 Å Durchmesser. Ob diese Fibrillen aus den angeführten methodischen Gründen identisch sind, können wir aus unseren Untersuchungen noch nicht schlußfolgern. Wir geben deshalb beide Fibrillenabmessungen getrennt an und bezeichnen die 55 Å-Fibrille als Elementarfibrille.

In einem weiteren Spinnversuch erhöhten wir die Temperatur der 2n $ZnSO_4$-Lösung auf 63 °C. Bild 10 gibt den Querschnittsausschnitt eines derart hergestellten Fadens wieder (Probe H). Wir erkennen eine dichte Randzone, die sich strukturell mit Bild 9 vergleichen läßt. Sie hat wechselnde Stärke von 0,5 bis 1 µm und enthält im Gegensatz zu der bei 20 °C ersponnenen Probe G große Hohlräume. Diese Hohlräume sind der direkte Ausdruck der Temperatursteigerung, und man kann in Analogie zu Probe D schließen, daß hier gleichfalls die Zersetzungsprodukte des Cellulosexanthogenates als Ursache anzusehen sind. Bild 10 zeigt weiterhin, daß der dichten Randzone des Fadens nach einer Übergangszone ein weitmaschiges Cellulosenetz folgt. Es enthält Strukturelemente mit Breiten von ca. 100 Å und 200 bis 500 Å. Die Hohlräume in diesem Netz haben Durchmesser von ca. 300 bis 4000 Å.

Die Temperaturerhöhung der $ZnSO_4$-Lösung von 20 auf 63 °C ruft somit eine Zweischichtenstruktur hervor. Es sind zwei Gesichtspunkte über die Ursachen dieser Differenzierung zu diskutieren. Zunächst könnte man annehmen, daß $ZnSO_4$ bei 63 °C andere Entmischungsvorgänge auslöst als bei 20 °C. Dann müßte aber eine homogene Netzstruktur über den gesamten Fadenquerschnitt entstehen. Es ist aber auch möglich, daß die Wirkung des $ZnSO_4$ auf den Fadenrand beschränkt bleibt und nur hier ein dichtes Netzwerk aufbaut. Für den zweiten Gesichtspunkt gibt es deutliche Anhaltspunkte in Bild 10. Nur am Fadenrand sind ZnS-Partikel zu erkennen. Sie wurden durch das Ablösen des Polymethacrylates z. T. etwas nach außen geschwemmt. Das Innere des Fadens dagegen ist völlig frei von ZnS. Man muß deshalb annehmen, daß keine Zn^{++}-Ionen in das Fadeninnere eindringen konnten. Sie wurden bereits an und im Fadenrand durch Verbindungsbildung mit z. B. S''- und CS_3''-Ionen sowie Cellulosexanthogenat abgefangen. Da bei 63 °C sowohl die Reife der Viskose als auch die Zersetzungsreaktionen des Cellulosexanthogenates wesentlich schneller verlaufen als bei 20 °C, ist das Angebot an Zersetzungsprodukten (S'', CS_3'' usw.) sehr hoch. Hierin liegt die Ursache für den Strukturunterschied zu den Gelfäden, die bei 20 °C erzeugt wurden (Probe G). Bedenkt man weiterhin, daß die $ZnSO_4$-Lösung mit einem pH-Wert von 2,2 beträchtlich sauer ist, so kann die Koagulation im Fadeninnern auf eindiffundierende H_2SO_4 und dem sich mit dem Alkali der Viskose bildenden Na_2SO_4 zurückgeführt werden. Vergleicht man die Abmessungen der gebildeten Strukturelemente mit denen in Probe E (Na_2SO_4) und F (H_2SO_4), so ist eine recht gute Übereinstimmung festzustellen. Dieser Vergleich kann ebenfalls als Stütze für den geschilderten Mechanismus gelten.

4. *Diskussion und Zusammenfassung*

Kratky und *P. H. Hermans* stellten für primäre Cellulosegele das Modell eines molekularen Netzwerkes auf [23, 24]. Durch die vorliegenden Untersuchungen konnte die netzförmige Ausscheidung des Cellulosexanthogenates aus der Viskose mittels Lösungen von Elektrolyten, die im technischen Spinnprozeß üblich sind, im elektronenmikroskopischen Bild gezeigt werden. Dabei stellte sich heraus, daß im wesentlichen übermolekulare Bausteine einheitlicher Breite das Netz aufbauen. Es besteht Kohärenz sowohl für die Strukturelemente als auch für die von ihnen umschlossenen Hohlräume, die demzufolge ein Hohlraumsystem bilden. Dieses Bild entspricht den allgemeinen Vorstellungen der Kolloidchemie über die Struktur von Gelen [25]. Wir können feststellen, daß dieses allgemeine Bild auch für fadenförmig aus Viskose ausgefällte Gele gilt.

Fadenförmige Gele unterliegen während ihrer Herstellung deformierenden Kräften. Die Einflüsse von Verzug und Reckung studierten wir an Längs- und Querschnitten von Fäden, die durch $(NH_4)_2SO_4$-Lösungen

Tabelle 2. Übersicht zu Fibrillenabmessungen, Hohlraumgrößen und charakteristischen Merkmalen der Gelstruktur der untersuchten Fadenproben

Kennzeichen der Gelstruktur	2 n $(NH_4)_2SO_4$ (20 °C) Probe B	2 n Na_2SO_4 (20 °C) Probe E	2 n H_2SO_4 (20 °C) Probe F	2 n $ZnSO_4$ (20 °C) Probe G	2 n $ZnSO_4$ (63 °C) Probe H
Fibrillenbreite 40 ... 70 Å	–	–	–	+	nur im Fadenrand vorhanden
Fibrillenbreite ca. 100 Å (90 ... 170 Å)	+	+	+	im Fadenzentrum vorhanden	+
Fibrillenbreite 200 ... 500 Å	nur vereinzelt	+	+	im Fadenzentrum vorhanden	+
Hohlraumdurchmesser in Å	100 ... 4000	100 ... 4000 bevorzugt 1000 ... 2500	100 ... 3000	40 ... 100 nur im Zentrum des Fadens 200 ... 500	40 ... 100 300 ... 4000
Besondere Merkmale	grobmaschiges Netz ohne Fadenbegrenzung	grobmaschiges Netz ohne Fadenbegrenzung	grobmaschiges Netz mit Fadenbegrenzung (Membran)	sehr engmaschiges Netz mit Fadenbegrenzung	Zweischichten-Struktur

ausgefällt wurden. Diesen Fäden fehlt eine äußere Membran als Fadenbegrenzung, so daß die angreifenden Kräfte direkt das entstehende Gel beeinflussen können, ohne durch eine stabile Außenmembran z. T. abgefangen zu werden. Diese Untersuchungen ergaben, daß der Verzug ein Faktor ist, der im Bereich des noch nicht fixierten Vorzonengels in den Koagulationsvorgang eingreift und je nach Größe die Bildung eines Geles mit mehr oder weniger vororientierten Strukturelementen bewirkt. Der Vorgang ist durch das Abgleiten von Strukturelementen gekennzeichnet, wodurch ein relativ spannungsfreies Netz entsteht.

Die Reckkräfte dagegen deformieren nur das bereits fixierte Gelnetz und ziehen es gemäß dem von *P. H. Hermans* [26] beschriebenen Mechanismus zusammen.

Es konnte weiterhin gezeigt werden, daß allein durch Verzug und Reckung eine Variation des Hohlraumgehaltes und der Hohlraumgröße in Fasern möglich ist. Der Hohlraumgehalt wird neuerdings für wesentliche Fasereigenschaften in Betracht gezogen [21, 27, 28]. Obwohl unsere Untersuchungen nur an einem idealisierten Prozeß durchgeführt wurden, kann man Rückschlüsse für den technischen Spinnprozeß ziehen. Wir sehen hier eine Möglichkeit, die durch den Hohlraumgehalt beeinflußten Fasereigenschaften gezielt zu variieren. Die Kenntnis anderer Parameter ist dafür aber Voraussetzung, so die Kenntnis der durch Koagulation entstehenden Gelstruktur und deren Beeinflussung durch Zersetzung und Trocknung.

Tabelle 2 gibt eine Zusammenfassung über die wichtigsten morphologischen Merkmale der hier mittels Ultramikrotomie untersuchten Gelfäden in Abhängigkeit von einigen Koagulatoren. Wie bereits betont, erzeugen alle diese im Viskosespinnprozeß üblichen Elektrolyte eine kohärente Netzstruktur. Jeder der angewandten Koagulatoren hat aber eine spezifische Wirkung auf die Geometrie des Netzes und folglich auch auf das Hohlraumsystem. Sieht man zunächst von $ZnSO_4$ ab, so fällen die übrigen Koagulatoren einheitliche Fibrillen von ca. 100 Å Durchmesser aus. Unterschiede bestehen in der Häufigkeit der Verknüpfungen der Fibrillen untereinander (Hohlraumgröße) und dem Grad der Aggregation, mit dem sich diese zu stärkeren Fibrillen vereinen.

So ist der Grad der Aggregation bei Probe E (Na_2SO_4) größer als bei Probe B $((NH_4)_2SO_4)$, die neben der ca. 100-Å-Fibrille nur wenige höhere Aggregate enthält. Die Hohlräume in der Probe E sind im Mittel etwas größer als die der Probe B. Das Netz der Probe E (Na_2SO_4) unterscheidet sich dagegen nicht so deutlich von dem der Probe F (H_2SO_4). In beiden Gelfäden herrschen Fibrillen von ca. 200 bis 400 Å Durchmesser vor. Wir führen das auf die Mitwirkung des aus dem Alkali der Viskose entstehenden Na_2SO_4 bei der Fadenbildung durch H_2SO_4 zurück. Die spezifische Wirkung der H_2SO_4 besteht in der Ausfällung von Hydratcellulose in Form einer dichten und den Verzugskräften standhaltenden Membran von ca. 1000 Å Stärke. Wir müssen deshalb die Koagulation durch Schwefelsäure als Sonderfall betrachten, da die Ausbildung des Gelnetzes auf die Wirkung von zwei Komponenten zurückzuführen ist und wir hier zunächst den Einfluß der reinen Elektrolyte auf die Koagulatstruktur untersuchten. Die in einer $ZnSO_4$-Lösung ersponnenen Fäden (Probe G, 20 °C) zeigen ein weit dichteres Cellulosenetz als alle übrigen Proben. Die netzaufbauenden Struktureinheiten können mit einer Stärke von ca. 55 Å als Elementarfibrillen der Cellulose angesehen werden, die in sehr kurzen Abständen miteinander verknüpft sind; es entstehen deshalb sehr kleine Hohlräume. Aggregationen erkennt man nur im Zentrum des Fadens, wo größere Entmischungshohlräume vorhanden sind. Der allmähliche Übergang vom dichten Netz der Elementarfibrillen am Rande zum grobmaschigen Netz der Aggregationen im Zentrum des Fadens, die z. T. in die Elementarfibrillen aufzulösen sind, indiziert einen Wirkungsgradienten der $ZnSO_4$-Lösung in ihrem Koagulationsvermögen (pH-Wert der Lösung 2,2!).

Wir erkennen somit drei Kriterien für die Charakterisierung der Gelstruktur von Celluloseregeneratfäden in Abhängigkeit von ihren Koagulatoren:

1. Der Grad der Aggregation, mit dem sich stärkere Fibrillen ausbilden. Er nimmt in der Reihenfolge $Na_2SO_4 > (NH_4)_2SO_4 \gg ZnSO_4$ ab.
2. Die Häufigkeit der Verknüpfungen der isolierten Strukturelemente untereinander. (Hier geht die Länge der Strukturelemente ein.) Sie befolgt die Reihe $Na_2SO_4 < (NH_4)_2SO_4 \ll ZnSO_4$.
3. Die Größe der Hohlräume im Gelnetz, die in folgender Reihe abnimmt: $Na_2SO_4 > (NH_4)_2SO_4 \gg ZnSO_4$.

Die dargelegte Abstufung der Morphologie zwischen den Fadenproben B, E, F und G (Tabelle 2) muß auf das unterschiedliche Koagulationsvermögen der verwendeten Elektrolyte $(NH_4)_2SO_4$, Na_2SO_4, H_2SO_4 und $ZnSO_4$ zurückgeführt werden, da für die Herstellung aller Gelfäden ein und dieselbe Viskosezusammensetzung verwendet wurde.

Über Unterschiede im Koagulationsvermögen von Elektrolyten für Natriumcellulosexanthogenat ist bereits von verschiedenen Autoren berichtet worden [3 bis 8].

Wie wir früher anhand von viskosimetrischen und Trübungs-Messungen an verdünnten Natriumcellulosexanthogenatlösungen zeigten [7], befolgt das Koagulationsvermögen der interessierenden Elektrolyte die Reihe $Na_2SO_4 \leqq (NH_4)_2SO_4 \ll ZnSO_4$. Diese Abstufung stimmt mit den Ergebnissen anderer Autoren überein [4, 5, 6, 8], und wir finden sie in der Struktur der von uns untersuchten Gelfäden wieder. Die H_2SO_4 geht nicht in die Reihe ein, da sie Hydratcellulose ausfällt. Die röntgenographisch begutachtete Baugüte der Fällungsprodukte ergibt jedoch die entgegengesetzte Reihenfolge. Zur Erklärung zogen wir Unterschiede in der Teilchengröße in Betracht, die durch verschiedene Fällungsgeschwindigkeiten hervorgerufen werden [7].

Zu ähnlichen Ergebnissen gelangt *Nakai* [4] durch Röntgen- und Zugänglichkeitsuntersuchungen an Gelen, die aus Viskose gefällt wurden. Er betrachtet die Koagulationsgeschwindigkeit als strukturbestimmenden Schritt. Danach haben, ausgehend vom Lösungszustand der Viskose, die Strukturelemente bei schneller Koagulation durch $ZnSO_4$ keine Zeit, sich zu höheren Aggregaten zusammenzulagern. Das ergibt eine niedrige Kristallinität und kleine Kristallite. Bei der Koagulation mit Na^+- oder NH_4^+-Ionen, die langsam verläuft, kommt es durch Partikelwachstum zu hoher Kristallinität und großen Kristalliten.

Die zitierten Arbeiten wurden vornehmlich an verdünnten Natriumcellulosexanthogenatlösungen bzw. an Modellsystemen durchgeführt. Eine Übertragung dieser Beobachtungen auf den technischen Viskosespinnprozeß kann zunächst nicht ohne weiteres vorgenommen werden. Wie wir feststellten, ergeben sich aber in bezug auf die Strukturabstufung zwischen den verschieden koagulierten Gelen zu unseren Beobachtungen an Gelfäden auffällige Parallelen. So kann die Abstufung der Baugüte der Fällungsprodukte, wie sie von *Nakai* [4] und von uns [7] röntgenographisch beobachtet wurde, im Ultradünnschnitt der Fäden in gleicher Reihenfolge als Grad der Aggregation wiedergefunden werden.

In den vorhergehenden Abschnitten befaßten wir uns mit den Strukturen, die durch das verschiedene Koagulationsvermögen der Elektrolyte an Gelen und Gelfäden erzeugt wurden. Zum Abschluß sei erwähnt, welche Vorstellungen über den Koagulationsmechanismus existieren.

Wie wir in Untersuchungen an verdünnten Natriumcellulosexanthogenatlösungen zeigten [7, 8], sind Entmischungsvorgänge zwischen Polymerphase und Lösungsmittel für die Gelbildung verantwortlich. Die Koagulationsmittel verändern die Stabilitätsfaktoren des in Lösung befindlichen Polyelektrolyten Natriumcellulosexanthogenat: Hydratation und Ladung. Die Polymerphase wird von der Lösungsmittelphase getrennt und unter Umständen im Ionenstrom der eindiffundierenden Ionen geordnet, d. h. die Polymerphase wird dehydratisiert. Es bilden sich kleinste submikroskopische Tröpfchen. Je nach Stärke der dehydratisierenden Wirkung der Koagulation, die von der Diffusionsgeschwindigkeit beeinflußt wird, und der Kontraktion des Polymersystems entstehen in Abhängigkeit von der Zeit mehr oder weniger große Tropfen durch Zusammenfließen.

Schurz [30] betrachtet die Viskose als ein Lösungssystem, in dem die Polymerphase in Form eines Netzes mit fluktuierenden Haftpunkten vorliegt. Überträgt man die Vorstellungen über die unterschiedliche dehydratisierende Wirkung der Koagulatoren auf dieses Netz, so kann man annehmen, daß zunächst beim Abbau der Hydrathülle durch Dehydratation die fluktuierenden Haftpunkte der Strukturen der Lösung in feste Haftpunkte übergehen. Ja nach Stärke der dehydratisierenden Wirkung der einzelnen Koagulatoren kommt es dabei in Abhängigkeit von der Zeit zu mehr oder weniger starken Zusammenlagerungen der Strukturelemente. Dabei hat das $ZnSO_4$ eine sehr hohe dehydratisierende Wirkung, das Na_2SO_4 dagegen eine wesentlich geringere. Beim $ZnSO_4$ muß aber außerdem eine Verbindungsbildung mit dem Cellulosexanthogenat in Betracht gezogen werden.

Als Ergebnis der dargestellten Untersuchungen scheint es uns wesentlich zu bemerken, daß die bisher als Modellvorstellungen existierenden Netzstrukturen für Gelfäden aus Cellulose und ihre Abhängigkeit von der Koagulation im elektronenmikroskopischen Bild gezeigt werden konnten, ohne daß der Fadenverband zerstört werden mußte. Das gilt ebenfalls für die Auffindung von Fibrillen von ca. 55 Å und ca. 100 Å Stärke, die bisher nur in mechanisch stark geschädigten Präparaten nachgewiesen wurden.

5. *Literatur*

[1] *Gröbe, A.*, und *Gensrich, H. J.*: Elektronenmikroskopische Untersuchungen an Ultradünnschnitten von Celluloseregeneratfäden. Teil I. Präparationsmethoden. Faserforsch. u. Textiltechnik **20** (1969) 3, S. 118–124.

[2] *Gensrich, H. J.*, und *Gröbe, A.*: Elektronenmikroskopische Untersuchungen an Ultradünnschnitten von Celluloseregeneratfäden. Teil II. Die Struktur von Gelfäden, koaguliert in Ammoniumsulfatlösungen. Faserforsch. u. Textiltechnik **20** (1969) 9, S. 425–433.

[3] *Hermans, P. H.*: Physics and chemistry of cellulose fibers. New-York/Amsterdam/London/Brüssel: Elsevier Publ. Comp. 1949, S. 374 ff.

[4] *Nakai, A.*: Einige Betrachtungen zur Kristallisation von Viskosefasern. J. Soc. Textile Cell. Ind., Japan **14** (1958) S. 905–908.
Nakai, A.: Über das Verhalten der Modellfasern bei der Gelierung und Rückbildung in Beziehung zu den Strukturen ihrer primären Cellulosexanthogenatgele.

J. Soc. Textile Cellulse Ind., Japan **15** (1959) S. 9—15.
Nakai, A.: Der Koagulationseffekt für die Strukturausbildung von regenerierter Cellulose (Teil I und II). J. Soc. Textile Cellulose Ind., Japan **15** (1959) S. 90 bis 94; 166—170.

[5] *Mirlas, L.:* Über die Stabilität von Natriumcellulosexanthogenatlösungen. Cellulosechemie **16** (1935) S. 37 bis 40.

[6] *Horio, M.:* Colloid-chemical basis for the action of the coagulating bath upon viscose. Textile Res. J. **20** (1950) S. 373—381.

[7] *Mann, G.*, und *Gröbe, A.:* Koagulationsstudien an verdünnten Natriumcellulosexanthogenatlösungen. Faserforsch. u. Textiltechnik **13** (1962) S. 347—352.
Mann, G.: Über die Koagulation von Natriumcellulosexanthogenatlösungen unter besonderer Berücksichtigung der Viskosemodifikatoren. Dissertation Universität Rostock 1962.

[8] *Gröbe, A., Purz, H.-J., Maron, R.*, und *Klare, H.:* Untersuchungen über die geordnete Koagulation von Natrium-Cellulosexanthogenatlösungen. Faserforsch. u. Textiltechnik **14** (1963) S. 347—351.
Purz, H. J., und *Gröbe, A.:* Mikroskopische Untersuchungen zur Struktur von Cellulosexanthogenatgelen. Teil I: Geordnete Gelbildung durch zentrifugale Diffusion von Elektrolyten. Faserforsch. u. Textiltechnik **19** (1968)S. 460—467.
Teil II: Gelstrukturen durch zentripetale Diffusion von Elektrolyten. Faserforsch. u. Textiltechnik **20** (1969) 5, S. 219—224.
Purz, H.-J.: Geordnete Gel- und Strukturbildung von Na-Cellulosexanthogenat durch Ionendiffusion. Dissertation Universität Leipzig 1966.

[9] *Treiber, E.:* Verzug, Verstreckung und Querschnittsmodifizierung beim Viskosespinnen. Chemiefasern **17** (1967) 5, S. 344—348.

[10] *Rauch, H.*, und *Harms, J.:* Über den Einfluß des Verzuges beim Viskose-Spinnvorgang und seine Auswirkung auf die Fasereigenschaften. Zellwolle, Kunstseide, Seide **47** (1942) S. 282—285.

[11] *Coalson, R. L., Day, A.*, und *Marchessault, R. H.:* The structure of cellulose gels by light scattering and thin section electronmicroscopy. Vortrag: Second Internat. Symposium on Viscose Technical Questions, Stockholm, 2.—4. Oktober 1967. Veröffentlicht in: Holzforschung **22** (1969) 6, S. 190—198.

[12] *Paul, D., Gröbe, A.*, und *Jost, H.:* Die Anwendung der Autoradiographie zum Studium diffusionsabhängiger Reaktionen beim Viskosespinnprozeß. Acta chim. Acad. Sci. hung. **54** (1) (1967) S. 99—106.

[13] *Maron, R., Rose, K. P.*, und *Gröbe, A.:* Elektronenmikroskopische Untersuchungen an Oberflächen von Celluloseregeneratfäden. Teil II. Nachweis und Charakterisierung von Deckschichten auf den Fadenoberflächen. Faserforsch. u. Textiltechnik **19** (1968) 7, S. 319 bis 324.

[14] *Dolmetsch, H.:* Elektronenmikroskopische Abgrenzung der Kristallite und der zugänglichen Bereiche niederer Ordnung in Cellulosefasern. Papier **22** (1968), 4 S. 196 bis 197.

[15] *Dolmetsch, H.*, und *Dolmetsch, H.:* Über die Beziehungen zwischen Kristalliten, Elementarfibrillen und zugänggänglichen Bereichen in Cellulosefasern, insbesondere in Holzfaserzellwänden. Papier **22** (1968) 1, S. 1—11.

[16] *Dolmetsch, H.*, und *Dolmetsch, H.:* Wachstumsschichten, Kristallite und Vernetzungsmöglichkeiten in natürlichen Cellulosefasern. Melliand Textilber. **48** (1967) 12, S. 1449—1455.

[17] *Frey-Wyssling, A., Mühletahler, K.*, und *Muggli, R.:* Elementarfibrillen als Grundbausteine der nativen Cellulose. Holz als Roh- u. Werkstoff **24** (1966) S. 443 bis 444.

[18] *Heyn, A. N. J.:* The elementary fibril and supermolecular structure of cellulose in soft wood fiber. J. Ultrastructure Res. **26** (1969) S. 52—68.

[19] *Ruck, H.:* Röntgenabsorptionsmessungen an nativen und regenerierten Cellulosefasern. I. II. III. Faserforsch. u. Textiltechnik **14** (1963) S. 146—149; 171 bis 179; 233—238.

[20] *Krässig, H.:* Betrachtungen zum Problem der Beziehungen zwischen Faserstruktur und Fasereigenschaften. Textilveredlung **4** (1969) 1, S. 26—37.

[21] *Ruck, H.:* Zur Dichtebestimmung der Cellulose. Papier **21** (1967) 10 A, S. 697—713.

[22] *Treiber, E.:* Die Chemie der Pflanzenzellwand. Berlin/Göttingen/Heidelberg: Springer 1957. S. 158ff.

[23] *Hermans, P. H.:* [3] S. 362ff und 406ff.

[24] *Hermans, P. H.:* Deformation mechanism of cellulose gels. I. Present status of the problem. J. Polymer Sci. **1** (1946) 5, S. 389—392.

[25] *Stauff, J.:* Kolloidchemie. Berlin/Göttingen/Heidelberg: Springer 1960. S. 665.

[26] *Hermans, P. H.:* [3], S. 410.

[27] *Hermans, P. H.:* Micro voids in cellulose fibers. Bul. Inst. Politehnic Din IASI, Serie Nova XI (XV) Fasc. Spec. 1965.
Schurz, J.: Strukturforschung der Cellulose: Aspekte und Prospekte. Papier **22** (1968) S. 269.

[28] *Götze, K.:* Chemiefasern nach dem Viskoseverfahren. Berlin/Heidelberg/New-York: Springer 1967.

[29] *Jayme, G.*, und *Balser, K.:* Beiträge zur Strukturaufklärung von Viskose-Zellglas. Teil II. Papier **19** (1965) S. 572—581.

[30] *Schurz, J.:* Neuere Untersuchungen über den Lösungszustand von Celluloselösungen. Abh. dt. Akad. Wiss. Berlin, Kl. Chemie, Geologie und Biologie (1965) 3, S. 113—122.
Schurz, J.: Lösungen und Schmelzen von Hochpolymeren. Rheologica Acta, Darmstadt **5** (1966) 2, S. 75 bis 78.
Schurz, J.: Mäßig konzentrierte Lösungen. Papier **21** (1967) 1, S. 10—13.
Schurz, J.: Strukturrheologische Untersuchungen an konzentrierten Lösungen, Schmelzen und Pasten. Papier **22** (1968) 9, S. 529—533.

[31] *Gensrich, H. J.*, und *Gröbe, A.:* Faserforsch. u. Textiltechnik in Vorbereitung.

Eingegangen am 3. September 1969

Faserforschung und Textiltechnik 21 (1970) Heft 2

Beitrag zum Studium des Abbaues von Synthesefaserstoffen im lebenden Organismus

Karl Schwertassek und Jan Dvořák

Wirkereiforschungsinstitut Brno, ČSSR

DK 677.494:612.6.02:616.1—089.28:611.126—089.28:612.014.4:542.92

Zur Untersuchung von Synthesefaserstoffen, die zur Implantation im lebenden Organismus verwendet werden sollen (chirurgische Nähfaden, Gefäßprothesen, Herzklappen u. a.), wurden Proben im Muskel eines Versuchshundes implantiert und nach verschiedenen Zeiten auf Abbauerscheinungen untersucht. Außerdem wurde eine Gefäßprothese aus Polyesterfasern, die nach $8^1/_2$ Jahren einem menschlichen Organismus entnommen wurde, mikroskopisch untersucht. Während Polyamidfaserstoffe zum Einsatz als Austauschorgane ungeeignet sind, lassen sich insbesondere Polyesterfaserstoffe mit Erfolg zur Herstellung verschiedener Arten von Prothesen verwenden. Zur Vermeidung von Ermüdungs- und Schädigungserscheinungen, die auch bei ihnen nach langjährigem Gebrauch auftreten, werden Maßnahmen empfohlen.

К вопросу о деструкции синтетических волокон в хивом организме

Образцы синтетических волокон, предназначенные для имплантации в живом организме (хирургические швейные нити, протезы сосудов, сердечные клапаны и т. п.), были имплантированы в мышцы подопытной собаки, причем деструкци изучалась через различные промежутки времени. Кроме того, под микроскопом был изучен протез сосуда на основе полиэфирного волокна, взтый из организма человека по истечению $8^1/_2$ лет. В то время, как полиамидные волокна оказались непригодными для протезов, полиэфирные волокна с успехом можно применять для этих целей. Во избежание явлений утомления и повреждения, наблюдаемых при длительном использовании и для полиэфирных волокон, приведены соответствующие рекомендации.

Contribution to Degradation Studies of Synthetic Fibres in Living Organisms

To investigate the degradation of synthetic fibres to be applied to living organisms as surgical sewing threads, vascular cords, and cardiac valves, experiments have been carried out with samples implanted into dog muscules for various periods of time. Additional microscopic investigations were performed with a vascular cord of polyester fibres after having been implanted in a human body for $8^1/_2$ years. While polyamide fibres proved unappropriate to serve as implantation material, polyester fibres were successfully used for implantations of several kinds. Measures are recommended for avoiding fatigue and damaging effects that may occur even with polyester fibres over longer periods of time.

Die Entwicklung der makromolekularen Chemie beeinflußte in entscheidender Weise auch die Fortschritte in den verschiedenen Bereichen des Gesundheitswesens. Besonders in den letzten 10 Jahren konnten sich einige Arten von synthetischen Faserstoffen bestens bewähren. Im Rahmen unserer Betrachtung geht es um textile Erzeugnisse, die die heutige Chirurgie fast nicht mehr entbehren kann, wie chirurgische Nähfäden, Gefäßprothesen, verschiedene Stütz- und Versteifungsnetze, Aorten- und Herzklappen u. a.

Eine Hauptforderung, die an die synthetischen Werkstoffe und Fasern zu stellen ist, die zur Implantation verwendet werden, ist ihr inertes Verhalten im lebenden Organismus. Die physiologische Unschädlichkeit und das apyrogene Verhalten von den im folgenden beschriebenen Faserstoffen wurden verschiedentlich nachgewiesen.

In der vorliegenden Mitteilung wollen wir die bereits bekanntgegebenen Erkenntnisse über den biologischen Abbau der Synthesefaserstoffe, die kurzzeitig im Muskel eines Versuchshundes implantiert waren, kurz wiederholen [1, 2, 3]. Anschließend folgt unsere Beurteilung einer Gefäßprothese aus Polyesterfasern, die nach längerer Verweildauer im menschlichen Organismus geprüft wurde.

1. *Synthesefasern im Organismus eines Versuchstieres*

1.1. *Vorbereitung der Synthesefasern zur experimentellen Prüfung*

Von den wichtigsten Synthesefaserarten, die zur Zeit der Versuche zur Verfügung standen, wurden ausgewählt:

Polyamid-6-Fasern (SILON, CHEMLON),
Polyamid-6.6-Fasern (NYLON),
Polyesterfasern (TERYLENE, TETORON, TESIL),
Polypropylenfasern (tschechoslowakische Versuchsfaser),
Polyacrylnitrilfasern (PAN).

Die Versuchsmuster wurden so vorbereitet, daß aus jeweils 10 m Faden Strängchen von 6 cm Länge hergestellt wurden. Diese wurden in Wasser mit Waschmittelzusatz gekocht und nach dem Trocknen mit Chloroform extrahiert. Diese Muster wurden der II. Chirurgischen Klinik in Brno zur Implantation in die Muskeln eines Versuchshundes übergeben.

Die Strängchen wurden dem Versuchstier jeweils nach Ablauf von 14, 30, 60 und 210 Tagen entnommen. Zur Entfernung der Reste tierischen Eiweißes, mit dem die Strängchen durchwachsen waren, wurden sie 3 h lang bei 60 °C in einem Bad folgender Zusammensetzung behandelt:

100 cm^3 destilliertes Wasser,
2 g Pepsin,
0,5 cm^3 konzentrierte Salzsäure.

Die Strängchen wurden nachfolgend neutralisiert und gründlich gespült. Gleichzeitig wurde ein Blindversuch (Behandlung im Pepsin/Salzsäure-Bad) an einem nicht-implantierten Strängchen ausgeführt.

1.2. *Ergebnisse der Untersuchungen*

An dem Strängchen des Blindversuches und den nach verschiedenen Zeiten entnommenen Proben des Tierversuchs wurden die Reißkraft und Reißdehnung der Fasern bestimmt sowie die Veränderungen der Faseroberfläche mikroskopisch untersucht. Die angeführten Ergebnisse des Zugversuchs stellen Mittelwerte aus 50 Einzelversuchen dar. Die Prozentwerte beziehen sich jeweils auf die Werte der Blindproben. Dabei ergaben sich keinerlei Schwierigkeiten; lediglich bei den 60 und 210 Tage lang implantierten Polyamid-6-Fäden war die Zugprüfung unmöglich, weil nach 60 Tagen eine stark verminderte Festigkeit und erhöhte Brüchigkeit, nach

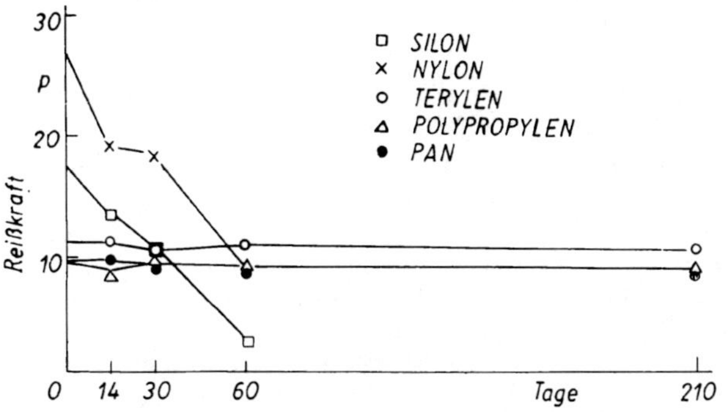

Bild 1. Reißkraftänderung in Abhängigkeit von der Verweildauer im tierischen Organismus

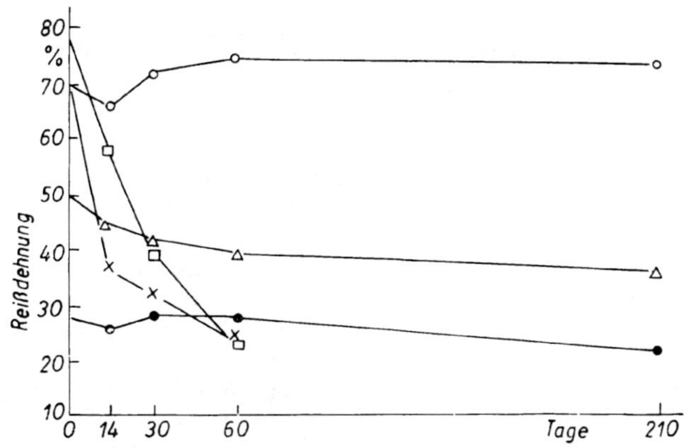

Bild 2. Reißdehnungsänderung in Abhängigkeit von der Verweildauer im tierischen Organismus

210 Tagen sogar ein vollkommener Zerfall der Fäden zu beobachten war.

1.2.1. Polyamidfasern

Den Bildern 1 und 2 ist zu entnehmen, daß bei den beiden Polyamidfasertypen SILON und NYLON die Reißkraft und Reißdehnung mit wachsender Dauer der biologischen Einwirkung abnehmen. Durch Interpolieren wurden aus den Bildern 1 und 2 folgende angenäherte Halbwertszeiten des biologischen Abbaues gewonnen (Tabelle 1).

Der Reißkraftverlust bis zur Unbrauchbarkeit lag bei Polyamidfasern zwischen 30 und 60 Tagen. In den Mikrobildern (Bild 3 bis 6) ist der von der Faserober-

Tabelle 1. Halbwertszeiten[1]) der beiden Polyamidfasertypen

Prüfmerkmal	SILON (PA 6)	NYLON (PA 6.6)
Reißkraft	38 Tage	45 Tage
Reißdehnung	30 Tage	16 Tage

[1]) Die Halbwertszeit ist die Einwirkungsdauer bis zu einem 50%igen Verlust an Reißkraft bzw. Reißdehnung.

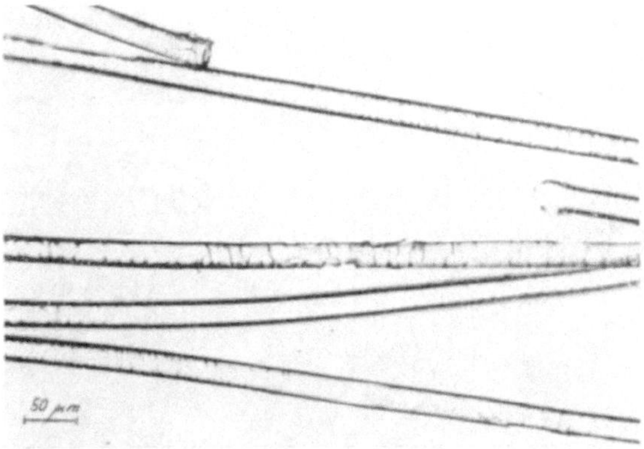

Bild 3. Anfangsstadium des enzymatischen Abbaues von CHEMLON-Fasern (Polyamid 6) nach 60 Tagen Verweildauer im tierischen Organismus

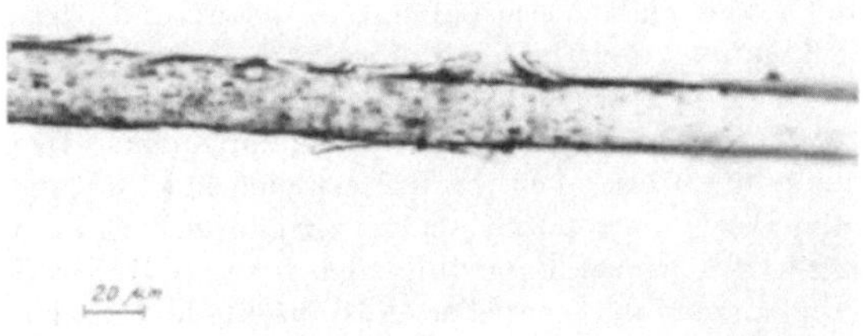

Bild 4. Anfangsstadium des enzymatischen Abbaues einer NYLON-Faser (Polyamid 6.6) nach 60 Tagen Verweildauer im tierischen Organismus

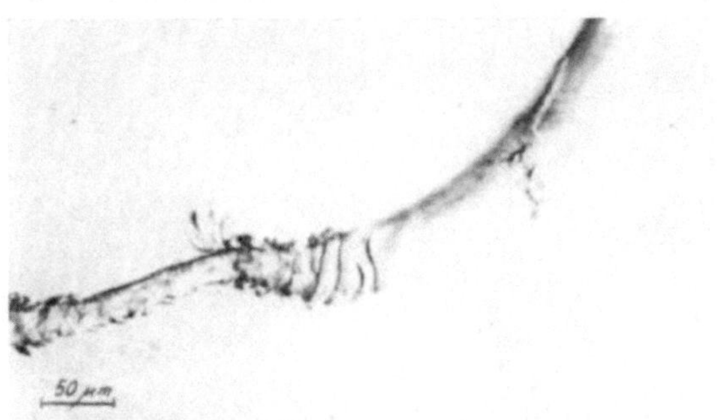

Bild 5. Enzymatischer Abbau einer SILON-Faser (Polyamid 6) nach 210 Tagen Verweildauer im tierischen Organismus. Die teleskopartigen Formen lassen auf konzentrisch gelagerte zylindrische Lamellen schließen.

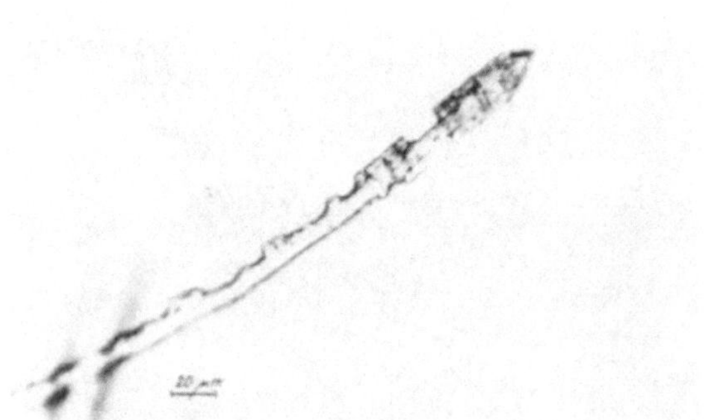

Bild 6. Enzymatischer Abbau einer NYLON-Faser (Polyamid 6.6) nach 210 Tagen Verweildauer im tierischen Organismus

fläche her fortschreitende Faserabbau zu erkennen. Diese besondere Art des enzymatischen Abbaues, zu der es bereits nach den ersten 14 Tagen kommt, führt zu einer erheblichen Erniedrigung der Reißkraft und Reißdehnung der Fäden. Diese Feststellung überraschte zunächst, denn an sich gelten Polyamidfasern [4] als sehr widerstandsfähig gegenüber enzymatischem Abbau durch Mikroorganismen, gegen Schimmelpilze als „vollständig beständig", gegen Fäulnis- und Verrottungsbakterien als „sehr widerstandsfähig". Die vorstehend beschriebene Prüfung im lebenden Organismus eines Warmblüters, die die Eignung eines Faserstoffes für Gefäßprothesen erweisen sollte, stellt jedenfalls eine wesentlich andersartige enzymatische Beanspruchung dar, bei der sich die Polyamidfaser keinesfalls besonders widerstandsfähig verhält. Die Erklärung dafür ist zunächst in der Ähnlichkeit des chemischen Aufbaues der Polyamide mit den Eiweißstoffen zu suchen, die ja im Organismus sehr leicht verdaut werden. Beiden Stoffen ist die Peptidbindung (–NHCO–) gemeinsam, die die empfindlichste Stelle beider Makromoleküle für den Abbau durch proteolytische Enzyme darstellen dürfte.

Eine weitere Ursache physikalisch-chemischer Art, die für den raschen Abbau der Polyamidfasern gegenüber einigen anderen widerstandsfähigeren Synthesefaserstoffen, wie Polyester und Polypropylen, in Betracht kommt, ist die Quellung im wäßrigen Medium. Dadurch können die in Wasser gelösten, abbauend wirkenden Stoffe — in unserem Falle Enzyme — auch ins Innere der Faser eindiffundieren und hier zur Wirkung gelangen.

1.2.2. *Polyester-, Polypropylen- und Polyacrylnitrilfasern*

Den Bildern 1 und 2 ist zu entnehmen, daß es bei diesen Fasern und den gewählten Versuchszeiten zu keinen erheblichen Verlusten an Festigkeit und Dehnung kommt. Auch bei der mikroskopischen Prüfung selbst nach 210 Tagen Verweildauer im Organismus war weder eine enzymatische noch eine andersartige Schädigung zu erkennen. Es war naheliegend, daß die auf diese Weise nachgewiesenen günstigen Eigenschaften einiger synthetischer Faserstoffarten diese als Rohstoff für die Erzeugung spezieller Austauschteile für den menschlichen Organismus geeignet erscheinen ließen. Besonders die Polyesterfasern konnten sich ein breites Einsatzgebiet in den verschiedenen Bereichen der Chirurgie erobern. Die weiteste Verbreitung erlangten die Gefäßprothesen aus texturierter und nicht-texturierter Polyesterseide.

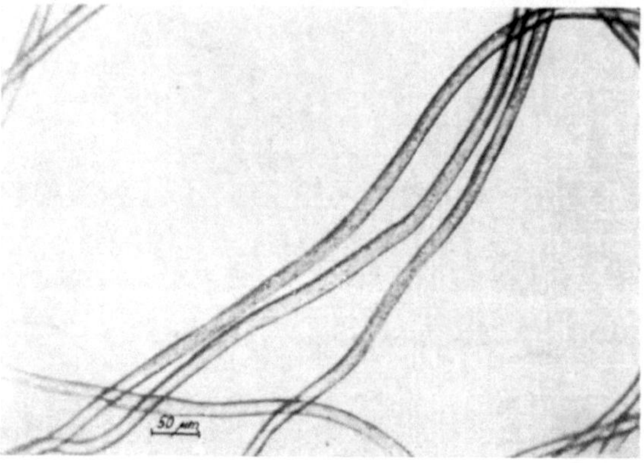

Bild 7. Polyesterfasern, der ungebrauchten gewirkten Gefäßprothese entnommen

2. *Das Altern von Gefäßprothesen aus Polyesterfasern im menschlichen Organismus*

Hier folgen einige mikroskopische Beobachtungen an einer gewirkten Gefäßprothese, hergestellt je zur Hälfte aus falschdreh-texturierten und aus nicht-texturierten Polyestergarnen, die einem menschlichen Organismus nach $8^1/_2$ Jahren entnommen wurde. Die anhaftenden Blut- und Zellgewebsreste wurden, wie eingangs beschrieben, entfernt. Die so gereinigte Prothese war noch vollständig intakt und hätte ihre Funktion noch verläßlich weiter erfüllen können. Erst nach Auftrennen der Prothese in einzelne Fäden konnte bei der Prüfung im Handversuch ein wesentlicher Festigkeitsrückgang gegenüber den aufgetrennten Fäden der ungebrauchten Prothese festgestellt werden. Die charakteristischen Formen der örtlichen Beschädigungen sind vollkommen anderer Art und weitaus seltener als bei den Polyamidfasern (Bild 7 bis 9). Die vereinzelt auftretenden scharfen Einschnitte in Querrichtung der Faser, die zum Teil auch im Inneren der Faser in Längsspalten übergehen, lassen auf eine Versprödung der Fasersubstanz schließen. Diese Beobachtungen ermöglichen keine sicheren Schlüsse auf die Wirkung ab-

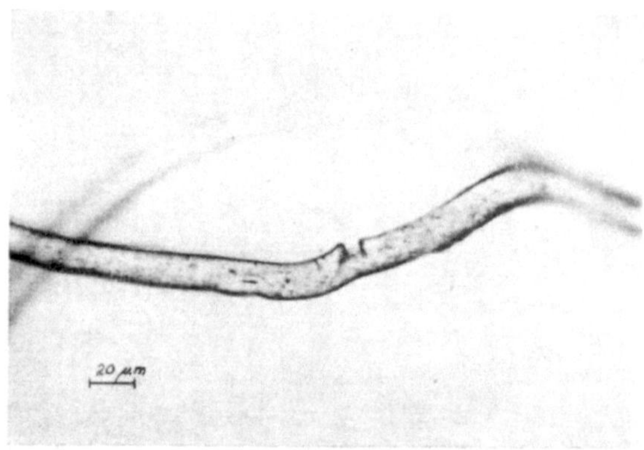

Bild 8. Polyesterfaser einer gewirkten Gefäßprothese nach $8^1/_2$ Jahren Verweildauer im menschlichen Organismus. Vereinzelt auftretende Schädigungen in Form von Querspalten, die den Ausgang für Längsspaltungen bilden.

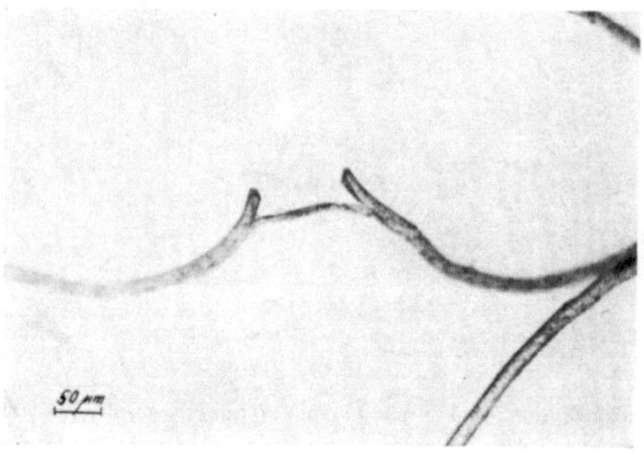

Bild 9. wie Bild 8, jedoch fortgeschrittenes Stadium mit deutlicher Längsaufspaltung

bauend wirkender Enzyme. Wir sind bisher gewöhnt, beim Abbau durch Enzyme eine Zerlegung der Fasersubstanz in ihre Elementarbestandteile zu beobachten, bei Wolle in Spindel- und Schuppenzellen, bei Polyamidfasern in lamellare Formen, die teleskopartig ineinandergeschobene, konzentrische Zylinder bilden [1, 2, 3].

Die Faserschädigung, erkennbar an der Verminderung von Reißkraft und Reißdehnung sowie am mikroskopischen Befund, könnte auch auf eine andere Weise als durch Enzyme bewirkt worden sein. So käme z. B. eine Alterung unter den besonderen Bedingungen im lebenden Organismus, charakterisiert durch die rhythmischen Bewegungen des Blutkreislaufes bei erhöhter Temperatur (37 °C) im nassen Zustand, in Betracht. Dabei könnte es auch zu einer Ermüdung des Materials durch wiederholte mäßige Biegebeanspruchung kommen. Die sichere Feststellung der wahren Ursache der Schädigung der Polyesterfaser im menschlichen Organismus würde weitere langfristige Beobachtungen und eine eingehende systematische Forschung erfordern. Unsere bisherigen Ergebnisse lassen zwar bei der langfristigen Prüfzeit einen enzymatischen Abbau wenig wahrscheinlich erscheinen, doch können wir diesen keinesfalls mit Sicherheit gänzlich ausschließen.

Es sei noch bemerkt, daß beim Vergleich des Verlaufes von Schädigungsprozessen an Polyamid- und Polyesterfasern die erheblichen Strukturunterschiede dieser beiden Fasern in Betracht gezogen werden müssen. Die Polyamidfasern sind im Inneren von einem System von Poren durchdrungen. Wir sprechen von einer inneren Oberfläche, die das Eindringen von Wasser und wäßrigen Lösungen ermöglichen. Wir erkennen dies an den Werten des Wasserrückhaltevermögens, das bei Polyamid-6-Fasern 12%, bei Polyesterfasern dagegen nur 3,6% beträgt. Noch deutlicher kommen diese Verhältnisse zum Ausdruck, wenn wir die Werte der sog. trockenen Quellung vergleichen, d. h. die Wasseraufnahme der Fasern aus der sie umgebenden Atmosphäre; so nehmen Polyamid-6- und Polyamid-6.6-Fasern bei 20 °C und 65% rel. Luftfeuchte 4,5% Wasser auf, die Polyesterfasern dagegen nur 0,5%.

Ein weiteres Argument für die verschiedene Ausbildung des Porensystemes (Intermizellarräume) ist das Anfärbevermögen der Fasern. Während sich die Polyamid-6- und Polyamid-6.6-Fasern mit jeder Farbstoffart und mit Jod leicht anfärben lassen, sind zum Färben der Polyesterfasern Farbstoffe mit kleinen Molekülen, Färbetemperaturen über 100 °C oder Zusätze besonderer Quellmittel, sog. Carrier, notwendig. Das Anfärben mit Jod (für analytische Zwecke) erfolgt hier erst bei erhöhter Temperatur (80 °C und höher) oder ebenfalls durch Zusatz von Quellmitteln (Phenol).

Daraus ist zu erkennen, daß auch die Bedingungen für den Faserabbau im wäßrigen Medium bei beiden Fasern verschieden sind. Bei den Polyamidfasern ist die Möglichkeit gegeben, die Fasern auch von innen her zu zerstören und sie in ihre Elementarbestandteile (in diesem Fall Lamellen) zu zerlegen. Bei den Polyesterfasern könnte ein eventueller Abbau vornehmlich auf die Oberfläche der Faser beschränkt bleiben oder sich auf Gebiete mit örtlichen Strukturstörungen auswirken.

Den Mechanismus beim enzymatischen Abbau der Polyamidfasern kann man sich etwa so vorstellen: Im Inneren der Fasern sind die Bereiche mit verschiedener Dichte nicht gleichmäßig über den Faserquerschnitt verteilt, sondern die Gebiete höherer und geringerer Dichte (kristalline und amorphe Bereiche) wechseln regelmäßig von der Faseroberfläche gegen die Fasermitte zu (Lamellenstruktur). Die abbauenden Enzyme durchdringen den weniger dichten amorphen Faseranteil mit dem besser ausgebildeten Porensystem, während sie die Gebiete dichterer Struktur nur an der Oberfläche erreichen können. Dabei wird die Faser in die charakteristischen Lamellen zerlegt, wie wir den Bildern 3 und 4 entnehmen können. Das fortgeschrittene Stadium ist in den Bildern 5 und 6 zu erkennen.

Die charakteristischen Erscheinungen beim Abbau dürften also mit der Molekülgröße der abbauenden Substanz zusammenhängen. Dadurch, daß die Molekülgröße der Enzyme in der gleichen Größe liegt wie die Intermizellarräume im Inneren der Fasern, können wir uns den selektiven Abbau der Fasern in den Gebieten mit geringerer Dichte erklären.

Betrachten wir demgegenüber die lösende Wirkung der Schwefelsäure auf Polyamidfasern, so können wir feststellen, daß wir durch die Auswahl einer ganz bestimmten, engbegrenzten Konzentration zwar eine Außenhaut bei der Polyamid-6-Faser isolieren können [8]; die feiner abgestuften Strukturdifferenzen im Inneren der Faser können dann aber mit der rasch lösenden Schwefelsäure nicht mehr erfaßt werden.

Analogen Verhältnissen begegnen wir auch beim Färben von beispielsweise Viskosefasern. Auch hier beobachten wir stets den Einfluß der Faserstruktur auf die Geschwindigkeit des Eindiffundierens der kolloiden Teilchen substantiver Farbstoffe. (Vermindertes Anfärbevermögen bei Fasern höheren Orientierungsgrades, z. B. durch höheren Verzug, oder bei Fasern mit einem stärker orientierten Fasermantel, den sog. Mantelfasern).

Bei den Polyesterfasern können wir uns die Entstehung der vereinzelt auftretenden örtlichen Beschädigungen etwa so vorstellen: Sie nehmen ihren Ausgang von den Stellen mechanischer Beschädigung, die beim Texturieren und auf der Wirkmaschine entstanden sind. Alle diese Arten örtlicher Beschädigungen sind vielfach auch mit einer örtlichen Strukturstörung innerhalb der Fasern verbunden. An diesen Stellen erfolgt eine Auflockerung der Struktur, indem kristalline Substanz in amorphe übergeht und auch das Porensystem eine Veränderung im Sinne einer Vermehrung und/oder einer Vergröberung der Poren erfährt. An solchen Stellen verlaufen alle chemischen Reaktionen schneller wegen der besseren Zugänglichkeit für die in Lösung befindlichen Agenzien. Diese Erfahrungen wurden an Cellulosefasern gemacht. (Hier kann z. B. die Geschwindigkeit des hydrolytischen oder oxydativen Abbaues als Maß des amorphen Anteiles benützt werden). Es ist anzunehmen, daß Analoges auch für andere Fasern gilt. Falls wir einen enzymatischen Abbau der Polyesterfasern überhaupt in Betracht ziehen, so ist anzunehmen, daß er ebenfalls an diesen Stellen schneller verlaufen und sich von hier aus ausbreiten wird. Auch für den Prozeß der Alterung ist eine Beschleunigung in strukturgestörten Bereichen zu erwarten.

Die Strukturstörung an gequetschten Stellen der Polyesterfaser läßt sich deutlich durch Jodanfärbung nachweisen. Man benetzt die zu prüfenden Fasern auf

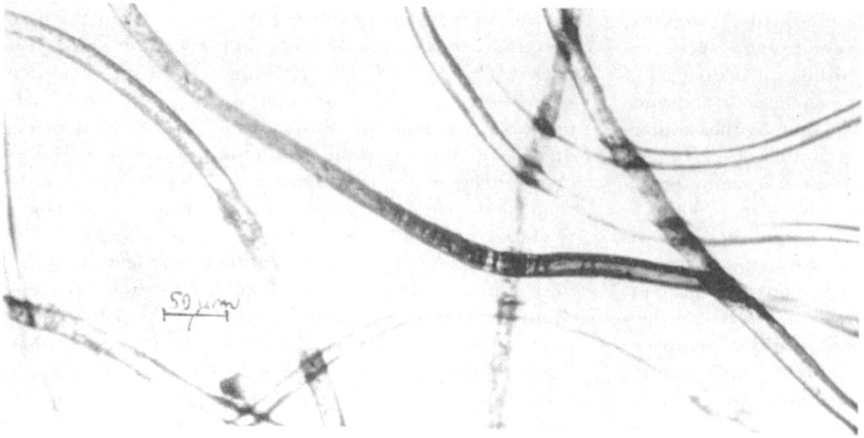

Bild 10. Örtliche Strukturstörungen bei Polyesterfasern, durch Jodanfärbung sichtbar gemacht. Das Material entstammt einer ungebrauchten Prothese

dem Objektträger mit starker Jodlösung (40 g KJ + 5 g J + 50 ml Wasser), setzt das Deckglas auf und läßt mindestens 10 min einwirken, wobei mehrmals im Dampfbad etwa 15 s, evtl. unter Nachgeben von Jodlösung, erwärmt wird. Hierauf wäscht man den Überschuß an Jodlösung unter dem Deckglas mit Glaubersalzlösung aus. Die nichtbeschädigten Fasern bleiben praktisch ungefärbt, die Stellen mit Strukturstörung sind durch intensive Gelbfärbung erkennbar (Bilder 10 und 11).

Bild 11 zeigt eine Faser aus der gebrauchten Prothese mit Quereinschnitt und angrenzender Strukturstörung. Die Strukturstörung wurde durch Jodanfärbung sichtbar gemacht. Mit dem Rasiermesser ein- oder durchgeschnittene Fasern geben vorwiegend Einschnitte und Faserenden ohne Strukturstörung. Damit ist erwiesen, daß es sich bei der in Bild 11 mit Jod angefärbten Stelle keinesfalls um die Wirkung einer nur verletzten Faserhaut oder einen verletzten Fasermantel handelt.

Um die Gelbfärbung fotografisch in Schwarz/Weiß-Wiedergabe sichtbar zu machen, wird beim Belichten ein Blaufilter zwischengeschaltet. Dadurch wird der Kontrast an den Fehlerstellen wesentlich über den farblich vorhandenen hinaus verstärkt.

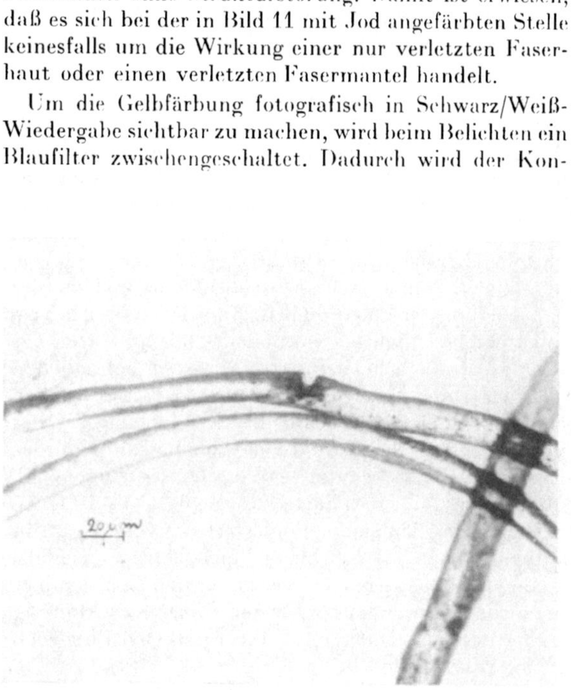

Bild 11. Querspalte mit angrenzender Strukturstörung, durch Jodanfärbung sichtbar gemacht. Die Faser entstammt der gebrauchten Prothese

Die in Bild 8 gezeigten örtlichen Beschädigungen der Fasern durch Querspalten sind zum Teil bereits im Ausgangszustand vorhanden, im fortgeschrittenen Stadium (Bild 9) aber nur in der gebrauchten Prothese. Die Entstehung dieser letztgenannten Form kann so erklärt werden, daß zwischen zwei engbenachbarten Quereinrissen infolge der anschließenden Längsspaltung das fehlende Faserfragment herausfällt. Tatsächlich wurden mehrfach Faserstellen mit eng benachbarten Querrissen gefunden.

Unsere Vermutung, daß ein eventueller Abbau, sei es durch Alterung oder enzymatisch, bevorzugt an den beim Texturieren nach dem Falschdrahtverfahren deformierten Faserstellen vor sich geht, findet durch die folgende Prüfung eine Stütze. Von den Fasern der ungebrauchten und der gebrauchten Prothese werden die Faserdurchmesser bestimmt. (Beim Auflegen des Deckglases legen sich die Fasern bevorzugt auf die abgeflachte Stelle). Es wurde festgestellt, daß die durch das Texturieren am stärksten flachgedrückten Fasern von über 20 µm Breite, die bei der ungebrauchten Prothese zu 4% vorhanden sind, in der gebrauchten Prothese nicht mehr vorzufinden waren. (Die durchschnittliche Breite der Fasern der gebrauchten und ungebrauchten Prothese betrug 16,5 µm). Die stark flachgedrückten Fasern sind entweder, da stark strukturgestört, zum Teil durch Enzyme abgebaut oder durch beschleunigte Alterung geschwächt, oder, da sie durch die starke Querschnittsverminderung an sich schon weniger widerstandsfähig sind, bei der Beanspruchung vorzeitig zerrissen.

In diesem Zusammenhang sei an ein ähnliches Verhalten der klassischen Faserstoffe, wie Wolle und Baumwolle, erinnert, von denen bekannt ist, daß sie ebenfalls an den Stellen mechanischer Beschädigung bevorzugt von Mikroorganismen (Schädigung durch Enzyme) befallen werden. Die Ursache ist in diesen Fällen allerdings zum Teil eine durchaus andere. Bei der Wollfaser wird durch Beschädigung der schützenden Schuppenschicht das leichter zersetzbare Innere der Faser zugänglich. Noch deutlicher erkennen wir die analogen Verhältnisse bei Baumwollfasern. Hier macht die mechanische Beschädigung der Fasern das Lumen, mit den von Mikroorganismen bevorzugten Eiweißresten, zugänglich (man sieht das Pilzmizelium im Faserlumen sich ausbreiten); dadurch wird die Faser gleichzeitig auch von innen her zerstört.

In der gebrauchten Prothese aus Polyesterfaserstoff sind also einerseits gewisse Strukturschädigungen (extrem breitgedrückte Faserstellen) verschwunden, während andere, kaum oder noch nicht wahrnehmbare Beschädigungen offenbar sichtbar werden.

Fehlerstellen mit mittlerer und schwacher Deformation, die mit Jod anfärbten, wurden sowohl in der ursprünglichen als auch vereinzelt in der gebrauchten Prothese gefunden. Die Tatsache, daß auch in der gebrauchten Prothese derartige Stellen gefunden wurden, läßt sich so erklären, daß sich diese Faserabschnitte in der Mitte der Prothesenwand befanden und so für die abbauenden Enzyme weniger zugänglich waren.

Sollten sich diese unsere Vermutungen über die Ausweitung bereits vorhandener Strukturschädigungen bestätigen, dann könnten durch Auswahl besonderer Texturierverfahren mit weitgehender Strukturerhaltung weitere Verbesserungen in der Haltbarkeit der an sich schon sehr widerstandsfähigen Polyesterprothesen erzielt werden. Eine weitere Möglichkeit, Verbesserungen an bereits strukturgeschädigten Polyesterprothesen (z. B. falschdrahtgekräuselten) zu erreichen könnte durch eine gründliche nachträgliche Thermofixierung erzielt werden. Durch praktische Versuche konnte nachgewiesen werden, daß Quetschstellen an Polyesterfasern, die sich nach der Behandlung mit Jodlösung intensiv gelb färben, diese Eigenschaft dann verlieren, wenn die Fasern getempert (thermofixiert) werden. Durch die Wärmebehandlung findet eine Rekristallisation der strukturgeschädigten Bereiche statt. Diese Tatsache wurde an Polyesterfasern bereits an früherer Stelle beschrieben [5], wo sie mittels der Schnittendenquellung in Schwefelsäure nachgewiesen werden konnte. Ähnliche Erscheinungen über Rekristallisation strukturgeschädigter Bereiche wurden von dem einen der Autoren auch an Cellulose-, Polyamid- und Polyacrylnitril-Fasern [6, 7, 5] beobachtet.

Der Chirurg muß sich bewußt sein, daß ein starkes Quetschen der Gefäßprothesen zu vermeiden ist, da — wie wir sehen konnten — hier Strukturschädigungen erfolgen können, die den Ausgangspunkt für weitere Schädigungen und örtlichen vorzeitigen Verschleiß bilden können. Ob die Gefäßprothesen einen Masseverlust nach $8^1/_2$ Jahren Gebrauch durch Abbau erlitten haben, war nicht festzustellen, da es nicht gelang, die letzten Reste von Eiweiß, die der Faseroberfläche anhaften, völlig zu entfernen. Auch die vergleichenden mikroskopischen Querschnittsprüfungen gaben kein eindeutiges Ergebnis; nach diesen Prüfungen können höchstens geringfügige Unterschiede vorhanden sein.

Wie wir sehen, ist die Problematik bei der Erforschung von Textilien, die zur Implantation im lebenden Organismus verwendet werden, durchaus anderer Art, als wir vom Bekleidungssektor gewöhnt sind. Die außergewöhnliche Beanspruchung mit dem Ziel einer extremen Haltbarkeit könnte eine Parallele höchstens im technischen Sektor finden. Bei beiden Sektoren rücken Erscheinungen ins Blickfeld unserer Betrachtungen, die für Bekleidungstextilien kaum von Interesse sind, wobei für den Bereich des Gesundheitswesens zweifellos die höchsten Anforderungen gestellt werden. Auch hier erscheint eine weitgehende Spezialisierung notwendig. Allerdings ist es fraglich, ob in absehbarer Zeit die langfristigen Prüfungen in vivo durch kurzfristigere in vitro ersetzt werden können.

3. Zusammenfassung

Im ersten Teil der Arbeit werden Versuchsergebnisse biologischer Einwirkungen im lebenden Organismus auf einige Synthesefaserstoffe gezeigt (implantiert im Muskel eines Hundes, Verweildauer 14 bis 210 Tage). Geprüft wurden folgende Faserstoffe: Polyamid 6, Polyamid 6.6, Polyester, Polypropylen und Polyacrylnitril. Nach Entnahme aus dem Versuchstier und Reinigung der Strängchen wurden ihre Reißkraft und Reißdehnung geprüft; ferner wurden sie mikroskopisch beurteilt. Es wurde beobachtet, daß es bei den Polyamid-6- und Polyamid-6.6-Fasern bereits nach 14 Tagen zu einem enzymatischen Abbau kommt. Es werden Ansichten über den Mechanismus dieser Art des Abbaues besprochen. Bei den übrigen geprüften Fasern war auch nach 210 Tagen weder ein enzymatischer Abbau noch eine andere Beschädigung an der Faser zu erkennen.

Im zweiten Teil der Arbeit werden die Prüfungsergebnisse, die an einer gewirkten Polyestergefäßprothese nach einer Verweildauer von $8^1/_2$ Jahren im menschlichen Organismus gewonnen wurden, gezeigt. Die Fasern dieser Prothese zeigen zwar gewisse Schädigungsmerkmale, die aber ihre Verwendungsfähigkeit nicht wesentlich beeinflussen. Eine abbauende Wirkung von Enzymen war nicht sicher nachweisbar, sie wird aber besonders an strukturgestörten Bereichen für möglich gehalten. Es werden hypothetische Betrachtungen über das Zustandekommen der zu beobachtenden örtlichen Schädigungen angestellt.

Zusammenfassend ist festzustellen, daß Polyamidfaserstoffe zur Herstellung von Austauschorganen, die ihre Funktion im Inneren des Organismus auf längere Zeit zu erfüllen haben, ungeeignet sind. Die übrigen geprüften Faserstoffe, besonders aber die Polyesterfasern, die langfristig geprüft wurden, lassen sich mit Erfolg zur Herstellung verschiedener Arten von Prothesen verwenden. Auch Polyesterfasern weisen nach langjährigem Gebrauch gewisse Ermüdungs- und Schädigungserscheinungen auf. Es werden Maßnahmen empfohlen, diese auf ein Minimum zu beschränken.

Literatur

[1] *Schwertassek, K.:* Studien über die mikroskopische Struktur von Polyamid-6-Fasern. Faserforsch. u. Textiltechnik **11** (1960) 3, S. 125—129.
[2] *Dvořák, J.:* Věda a výzkum v textilním průmyslu (1963) 6, S. 45—54.
[3] *Dvořák, J.:* Informativní přehled VÚP (1963) 5, S. 3—12.
[4] *Koch, P. A.:* Faserstoff-Tabellen, Polyamidfaserstoffe. I.: Polyamid 6 und 6.6. Z. ges. Textilind. **59** (1957) S. 777 bis 786.
[5] *Schwertassek, K.:* Die Schnittendenquellung. Eine Methode zur quantitativen Beurteilung des Strukturgefälles an Faserstoffen. Faserforsch. u. Textiltechnik **8** (1957) 11, S. 448—457
[6] *Schwertassek, K.:* Erkennen von Strukturverschiebungen bei mechanischen Faserschädigungen mittels der Jodsorption. Faserforsch. u. Textiltechnik **3** (1952) 12, S. 477—482.
[7] *Schwertassek, K.:* Experimentalstudien zur Strukturaufklärung von Polyamidfasern. Faserforsch. u. Textiltechnik **6** (1955) 2, S. 45—53.
[8] *Schwertassek, K.:* Versuche über den Nachweis und die Isolierung der Außenhaut an Polyamidfasern. Faserforsch. u. Textiltechnik **5** (1954) 11, S. 493—497.

Eingegangen am 15. September 1969

Dichtebestimmung an Faserstoffen

IV. Eigene Untersuchungen an Polyamidfaserstoffen[1])

Friedrich Winkler, Wolfgang Götze und Gerhard Homann

Deutsche Akademie der Wissenschaften zu Berlin, Institut für Faserstoff-Forschung in Teltow-Seehof

DK 677.494.675:677.494.021.922:677.494.021.925:531.754

An verschieden thermisch oder mechanisch vorbehandelten Polyamidfaserstoffen wurden Dichteuntersuchungen durchgeführt. Die Meßergebnisse werden tabellarisch und graphisch dargestellt und diskutiert. Als Vergleich zu den eigenen Ergebnissen werden Dichtewerte aus der Literatur mit aufgeführt.

Определение плотности волокон

IV. Собственные исследования на полиамидных волокнах

Проведены измерения плотности полиамидных волокон после различных термических или механических обработок. Полученные результаты, представленные в виде таблиц и график, обсуждаются. Собственные результаты сравнены с литературными данными.

Determination of the Density of Fibres. IV. Polyamide Fibres

The density of polyamide fibres treated by various thermal and mechanical methods has been determined. The results, indicated in tables and plots, are discussed and compared with data from the literature.

1. *Allgemeines*

In dieser Veröffentlichung sollen Dichtemeßergebnisse von verschieden vorbehandelten Polyamidseiden und -fasern[2]) angegeben werden, die nach der von uns schon beschriebenen Meßmethode (Schwebeverfahren mit Konzentrationsvariation durch homogene Mischung der Bestimmungsflüssigkeiten [17]) bestimmt wurden. Ziel und Zweck der Untersuchungen war es, für die von uns erarbeitete Dichtebestimmungsmethode eine aktuelle Anwendungsmöglichkeit zu erschließen und sie auf ihre Genauigkeit hin zu überprüfen.

Wie bereits früher durchgeführte Untersuchungen zeigten, treten bei Polyamidfaserstoffen durch eine unterschiedliche Vorbehandlung (thermisch, mechanisch) Dichteänderungen auf. Es lag daher nahe, die Dichtebestimmung zur Kennzeichnung der Vorbehandlung des untersuchten Materials heranzuziehen. Für unsere Untersuchungen war besonders die Frage zu klären, ob die Meßgenauigkeit unserer Meßmethode von $\pm 0{,}002$ g/cm³ ausreichend ist, um beispielsweise Fixiereffekte meßtechnisch eindeutig nachzuweisen.

[1]) III s. [17].
[2]) Das Prüfmaterial wurde uns freundlicherweise von Herrn Dipl.-Ing. *L. Vollrath*, Institut für Technologie der Fasern der DAW in Dresden, zur Verfügung gestellt.

Die einzelnen Meßergebnisse sind in der Tabelle, geordnet nach den einzelnen Bestimmungsverfahren und nach fallenden Dichtewerten, angegeben. In der Literatur zu findende Dichtewerte von Polyamidfaserstoffen sind zum Vergleich mit aufgeführt.

2. *Diskussion der Meßergebnisse*

2.1. *Veränderung der Dichte nach thermischen Vorbehandlungen*

In der Praxis ist es von großer Bedeutung, den Fixierzustand des Materials zu kennen. Inwieweit dieser meßtechnisch mittels der Dichtemessung erfaßt werden kann, sollte untersucht werden. Dazu wurde die Dichte verschieden fixierter DEDERON-Seiden in Heptan/Tetrachlorkohlenstoff bestimmt. Die Ergebnisse (Tabelle 1 und Bilder 1 bis 4) zeigen, daß die Dichteänderung von Polyamidfasern sowohl bei Heißluft- als auch bei Sattdampf- und Heißwasser-Fixierung sehr klein ist. Mit zunehmender Fixiertemperatur tritt nur eine sehr geringe Erhöhung der Dichte ein. Bei der heißluftfixierten DEDERON-Seide ist eine etwas größere Dichteänderung erst vom Erweichungsbereich des Materials ab erkennbar.

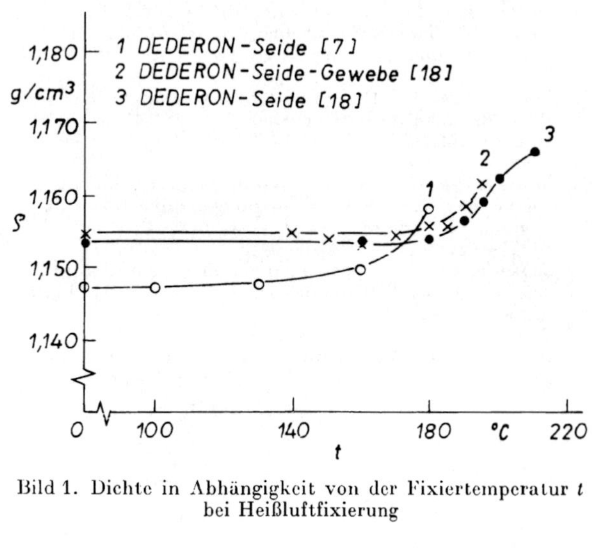

Bild 1. Dichte in Abhängigkeit von der Fixiertemperatur t bei Heißluftfixierung

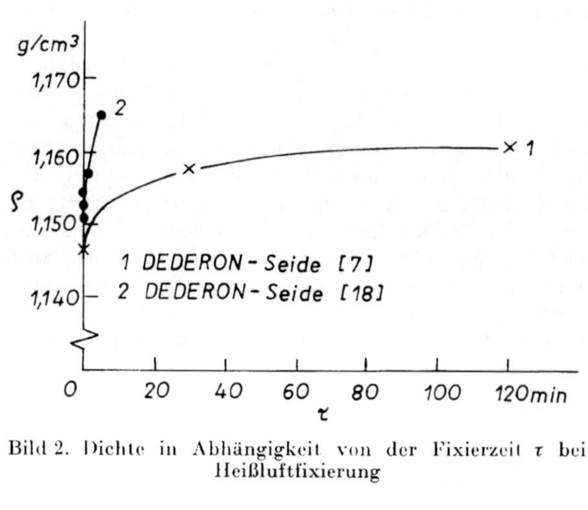

Bild 2. Dichte in Abhängigkeit von der Fixierzeit τ bei Heißluftfixierung

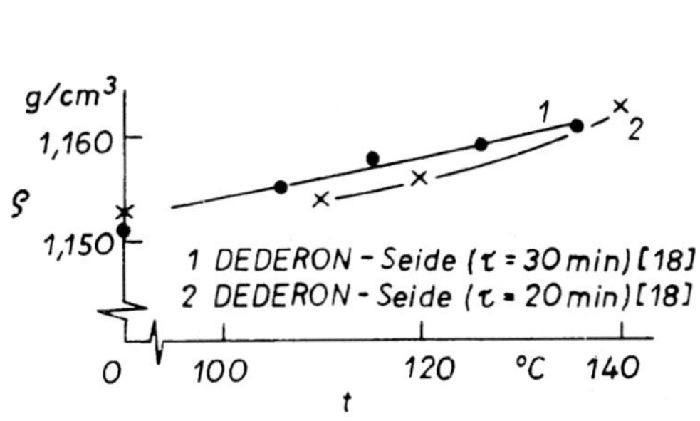

Bild 3. Dichte in Abhängigkeit von der Fixiertemperatur t bei Sattdampffixierung

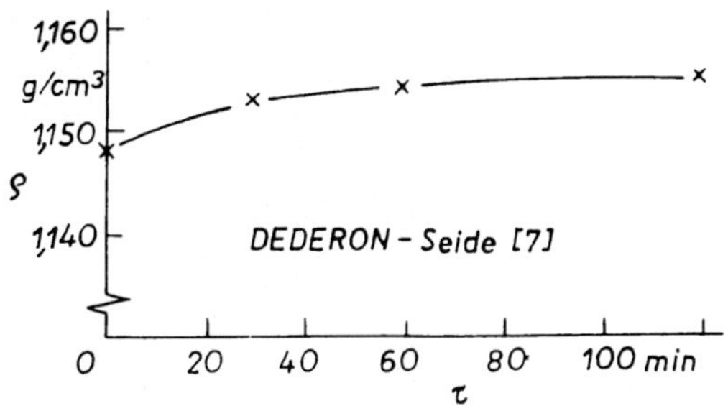

Bild 4. Dichte in Abhängigkeit von der Fixierzeit τ bei Heißwasserfixierung

Schlußfolgernd daraus kann man sagen, daß praktisch bei der bestehenden Meßgenauigkeit auf dem Wege der Dichtebestimmung aus den Meßergebnissen von Polyamid-Seide auf diesem Wege noch keine eindeutigen und zuverlässigen Rückschlüsse auf die Fixierart und -temperatur gezogen werden können.

Es wurde deshalb nach Möglichkeiten und Wegen gesucht, die Differenzierbarkeit der Meßwerte verschieden stark fixierter Polyamidfasern durch geeignete Maßnahmen zu verbessern. Durch Zufügen bereits bekannter Quellmittel beim Vortränken der Proben konnte eine bessere Spreizung der Meßwerte erreicht werden. Die Ergebnisse in der Tabelle zeigen, daß durch die nun auftretenden Sorptions- bzw. Quelleffekte in der DEDERON-Seide durch Anwendung von Äthylenbromid oder Phenol entsprechende Dichteänderungen eintreten.

Die unfixierten DEDERON-Gewebeproben zeigen bei Anwendung von Äthylenbromid als Vortränkflüssigkeit eine Erhöhung der Dichte um 0,007 bis 0,012 g/cm³ gegenüber den in Tetrachlorkohlenstoff/Heptan gemessenen Dichtewerten. Andererseits wurde für bei 195 °C heißluftfixierte DEDERON-Seide eine Dichteerhöhung von nur 0,002 bis 0,009 g/cm³ gefunden. Bedenkt man aber, daß die Dichteänderung auf den gesamten Temperaturbereich vom unfixierten bis zum bei 195 °C fixierten Material zu beziehen sind, dann ist natürlich innerhalb dieses Bereiches für alle Zwischentemperaturen keine eindeutige Differenzierung der Dichtemeßergebnisse gegeben. Damit erweist sich Äthylenbromid für diesen Zweck als wenig brauchbar. Die Erwartung, daß ein so häufig angewandtes Quellmittel wie Phenol schon bei sehr kleinem Anteil in Heptan wirkungsvoll sein würde, bestätigte sich, wie die Werte in der Tabelle zeigen. Schon bei 0,8% bis 1% Phenol in Heptan als Vortränkflüssigkeit wurden bei der DEDERON-Seide für unfixiertes Material Dichteerhöhungen von etwa 0,034 g/cm³ und für bei 195 °C heißluftfixierte DEDERON-Seide Dichteerhöhungen von etwa 0,017 g/cm³ erreicht. Die Dichteerhöhungen von unfixierter gegenüber bei 195 °C fixierter DEDERON-Seide verhalten sich dabei etwa wie 2 : 1. Erhöht man aber die Phenolkonzentration auf das Doppelte und setzt 2%ige Phenollösungen in Heptan zum Vortränken der Prüflinge an, dann verringert sich das Verhältnis der Dichtewerte auf 1,3 : 1, obgleich der zahlenmäßige Absolutwert der erzielten Meßergebnisse um weitere 0,010 g/cm³ gestiegen ist. Die Dichte der DEDERON-Seide ist also besonders von der Art und Anwendungskonzentration des Quellmittels abhängig, wobei auch die Einwirkungszeit und -temperatur eine gewisse Rolle spielen dürften.

In diesem Zusammenhang sei noch ein anderes Versuchsresultat erwähnt, das in der Tabelle nicht mit angeführt ist. Benutzt man als Vortränkflüssigkeit ein Gemisch aus Heptan und Äthylenbromid im Verhältnis 90/10, in dem sich ca. 6% kristallines, technisch reines Phenol gelöst befinden, so quellen die Versuchsproben darin binnen 4 h bis zur Klebrigkeit auf, so daß eine Dichtemessung an diesen Proben nicht mehr vorgenommen werden kann. Zweifellos kann man hierbei dem Phenol die Hauptwirkung zuschreiben, da unverdünntes Äthylenbromid, wie die Werte in der Tabelle zeigen, bei Zimmertemperatur nur eine minimale Quellwirkung auf Polyamid hervorruft.

Wenn man also mit Hilfe einiger quellend wirkender Mittel zu brauchbaren Differenzierungen der Dichtewerte verschieden stark fixierter Faserproben gelangen kann, so wird man ein optimales Resultat, d. h. eine optimale Differenzierung, im allgemeinen nur dann erwarten können, wenn man die jeweils optimale Anwendungskonzentration der gewählten Quellmittel feststellt und verwendet. Eine korrekte Einstellung und Einhaltung der Prüftemperatur ist für die Reproduzierbarkeit der Meßergebnisse besonders wichtig.

2.2. Veränderung der Dichte nach mechanischen Vorbehandlungen

Den Einfluß mechanischer Beanspruchungen (Recken, Quetschen, Verdrehen) auf die Dichte von Polyamid-Seide zeigen die Tabelle 1 und die Bilder 5 bis 8.

In den Bildern 5 und 6 ist die Dichte in Abhängigkeit vom Reckgrad V bei verschiedenen Recktemperaturen dargestellt. Bei den niedrigeren Reckgraden ist kaum eine Dichteänderung zu erkennen. Erst ab einem $V = 1:3$ bis $1:3{,}5$ steigt die Dichte stärker an, um dann aber wieder (ungefähr bei einem $V = 1:5$) einem nahezu konstanten Wert zuzustreben.

Sehr überraschende Ergebnisse lieferten die Messungen der Dichte von DEDERON-Seide, die vorher mit unterschiedlichem Druck gequetscht wurde. Wie Bild 7 zeigt, ist bis zu einer Quetschkraft von ca. 5 kp ein leichter Dichteanstieg zu erkennen. Mit zunehmendem Druck fällt jedoch die Kurve sehr steil ab, um dann einem Minimalwert zuzustreben. Dieser plötzliche Dichteabfall deutet darauf hin, daß die DEDERON-Seide sehr stark geschädigt wurde. Da oberhalb von 15 kp Quetschkraft die Dichte nahezu konstant ist, kann eine so weitgehende Zerstörung des Fasergefüges

Tabelle 1. Die Dichte von Polyamid-Faserstoffen in Abhängigkeit von verschiedenen Einflußgrößen.

Dichte g/cm³	Material	Materialvorbehandlung: Feuchte	thermische Behandlung: Heißluft-Fixierung	thermische Behandlung: Sattdampf-Fixierung	thermische Behandlung: Heißwasser-Fixierung	thermische Behandlung: Temperatur °C	thermische Behandlung: Zeit s	thermische Behandlung: unter Spannung	thermische Behandlung: mit Vorvakuum	mechanische Behandlung: Reckung	mechanische Behandlung: Tordierung Dr/m	mechanische Behandlung: Quetschung kp	mechanische Behandlung: Temperatur °C	Vortränkung: Vortränkflüssigkeit	Vortränkung: Zeit in h	Meßflüssigkeit	Literaturstelle
Schwebeverfahren																	
1,28	PA-66-Seide															Wasser/Chloralhydrat	12
1,197 ± 0,002	DEDERON-Seide	n.f.												Heptan/Phenol (2,0%)		Heptan/Tetrachlorkohlenstoff	18
1,197 ± 0,002	,,	n.f.	×			195	30							,, / ,, (2,0%)		,, / ,,	18
1,189 ± 0,002	,,	n.f.												,, / ,, (0,8%)		,, / ,,	18
1,188 ± 0,002	,,	n.f.												,, / ,, (1,0%)		,, / ,,	18
1,181 ± 0,001	,,	a.t.			×	90								Xylol/Acetylentetrachlorid	0,083 100 °C	Xylol/Acetylentetrachlorid	7
1,180 ± 0,002	,,	n.f.	×			195	30							Heptan/Phenol (1,0%)		Heptan/Tetrachlorkohlenstoff	18
1,179 ± 0,002	,,	n.f.	×			195	30							,, / ,, (0,8%)		,, / ,,	18
1,171 ± 0,002	,,	n.f.	×			195	30							Äthylenbromid		,, / ,,	18
1,168 ± 0,002	PA-6-Texturseide													Heptan/Tetrachlorkohlenstoff		,, / ,,	16
1,168 ± 0,001	DEDERON-Seide	a.t.			×	90								Xylol/Acetylentetrachlorid	16	Xylol/Acetylentetrachlorid	7
1,168 ± 0,002	,,	n.f.	×			195	30							Heptan/Äthylenbromid		Heptan/Tetrachlorkohlenstoff	18
1,167 ± 0,002	,,	n.f.												Äthylenbromid		,, / ,,	18
1,167 ± 0,002	,,		×			190	240							Heptan/Tetrachlorkohlenstoff	20	,, / ,,	18
1,166 ± 0,002	,,		×			210	15							,, / ,,	20	,, / ,,	18
1,166 ± 0,002	,,	n.f.	×			195	30							Heptan/Äthylenbromid-Heptan		,, / ,,	18
1,165 ± 0,002	,,		×			190	240	×						Heptan/Tetrachlorkohlenstoff	20	,, / ,,	18
1,164 ± 0,002	PA-6-Seide			×		136										Benzol / ,,	16
1,164 ± 0,002	DEDERON-Seide		×			210	15	×								Heptan/ ,,	18
1,164 ± 0,002	,,	n.f.	×			195	30							Äthylenbromid (Vakuum)		,, / ,,	18
1,164 ± 0,002	,,	n.f.	×			195	30							Dimethylformamid/Äthylenbromid 70/30-Heptan		,, / ,,	18
1,163 ± 0,002	PA-6-Seide			×		126										Benzol / ,,	16
1,163 ± 0,002	DEDERON-Seide			×		140	1200	×						Heptan/Tetrachlorkohlenstoff	20	Heptan/ ,,	18
1,163 ± 0,002	,,		×			200	15	×						,, / ,,	20	,, / ,,	18
1,163 ± 0,002	,,	n.f.	×			195	30							Heptan/Phenol (0,2%)		,, / ,,	18
1,162 ± 0,002	,,	n.f.												,, /Äthylenbromid		,, / ,,	18
1,162 ± 0,002	,,	n.f.												,, / ,, -Heptan		,, / ,,	18
1,162 ± 0,002	,,	n.f.												Äthylenbromid (Vakuum)		,, / ,,	18
1,162 ± 0,002	,,	n.f.												Dimethylformamid/Äthylenbromid 70/30		,, / ,,	18
1,162 ± 0,002	,,			×		130	1200		×					Heptan/Tetrachlorkohlenstoff	20	,, / ,,	18
1,162 ± 0,002	,,			×		130	1200	×	×					,, / ,,	20	,, / ,,	18
1,162 ± 0,002	,,		×			200	15							,, / ,,	20	,, / ,,	18
1,162 + 0,002	,,	n.f.	×			195	30							Dimethylformamid/Äthylenbromid 70/30		,, / ,,	18
1,162 ± 0,002	,,	n.f.	×			195	30							Heptan/Tetrachlorkohlenstoff	20	,, / ,,	18
1,161 ± 0,001	,,	a.t.	×			180	7200							Xylol/Acetylentetrachlorid	1	Xylol/Acetylentetrachlorid	7
1,161 ± 0,002	,,	n.f.		×		136	1800							Heptan/Tetrachlorkohlenstoff	20	Heptan/Tetrachlorkohlenstoff	18
1,161 ± 0,002	,,	n.f.	×			195	30							Dimethylformamid		,, / ,,	18
1,161 ± 0,002	,,	n.f.	×			195	30							Dimethylformamid/Äthylenbromid 90/10		,, / ,,	18

1,160 ± 0,002	,,	n.f.	×			195	30							Monochlorbenzol		Heptan/Tetrachlorkohlenstoff	18
1,160 ± 0,002	,,	n.f.	×			195	30							Triäthylamin		,, / ,,	18
1,159 ± 0,001	,,	a.t.			×	90								Xylol/Acetylentetrachlorid	4	Xylol/Acetylentetrachlorid	7
1,159 ± 0,002	,,	n.f.		×		126	1 800							Heptan/Tetrachlorkohlenstoff	20	Heptan/Tetrachlorkohlenstoff	18
1,159 ± 0,002	,,	n.f.	×			190	30							,, / ,,	20	,, / ,,	18
1,158 ± 0,001	,,	a.t.	×			180	1 800							Xylol/Acetylentetrachlorid	1	Xylol/Acetylentetrachlorid	7
1,158 ± 0,002	,,			×		120	1 200	×	×					Heptan/Tetrachlorkohlenstoff	20	Heptan/Tetrachlorkohlenstoff	18
1,158 ± 0,002	,,	n.f.		×		115	1 800							,, / ,,	20	,, / ,,	18
1,158 ± 0,002	,,		×			190	60							,, / ,,	20	,, / ,,	18
1,157 ± 0,002	PA-6-Seide			×		115										Benzol / ,,	16
1,157 ± 0,002	DEDERON-Seide		×			190	15							,, / ,,	20	Heptan/ ,,	18
1,157 ± 0,002	,,		×			190	60	×						,, / ,,	20	,, / ,,	18
1,1564	DuPont-PA 66									×			250			n-Butylbromid/Benzol	2
1,156 ± 0,002	DEDERON-Seide			×		110	1 200	×	×					,, / ,,	20	Heptan/Tetrachlorkohlenstoff	18
1,156 ± 0,002	,,			×		120	1 200	×						,, / ,,	20	,, / ,,	18
1,156 ± 0,002	,,		×			190	15	×						,, / ,,	20	,, / ,,	18
1,156 ± 0,002	,,	n.f.	×			180	30							,, / ,,	20	,, / ,,	18
1,156 ± 0,002	,,	n.f.	×			185	30							,, / ,,	20	,, / ,,	18
1,155 ± 0,002	,,	n.f.												Monochlorbenzol		,, / ,,	18
1,155 ± 0,002	,,	n.f.												Heptan/Phenol (0,2%)		,, / ,,	18
1,155 ± 0,002	,,	n.f.												Dimethylformamid/Äthylen-bromid 90/10		,, / ,,	18
1,155 ± 0,002	,,	n.f.												Heptan/Tetrachlorkohlenstoff	20	,, / ,,	18
1,155 ± 0,002	,,			×		110	1 200		×					,, / ,,	20	,, / ,,	18
1,155 ± 0,002	,,			×		120	1 200							,, / ,,	20	,, / ,,	18
1,155 ± 0,002	,,	n.f.		×		106	1 800							,, / ,,	20	,, / ,,	18
1,155 ± 0,002	,,		×			190	5							,, / ,,	20	,, / ,,	18
1,155 ± 0,002	,,		×			180	15	×						,, / ,,	20	,, / ,,	18
1,155 ± 0,002	,,	n.f.	×			140	30							,, / ,,	20	,, / ,,	18
1,155 ± 0,001	,,	a.t.			×	100	7200							Xylol/Acetylentetrachlorid	1	Xylol/Acetylentetrachlorid	7
1,154 ± 0,002	PA-6-Teppichfaser													Heptan/Tetrachlorkohlenstoff	20	Heptan/Tetrachlorkohlenstoff	16
1,154 ± 0,002	KAPRON- u. NYLON-Faser															Xylol / ,,	8
1,154 ± 0,002	DEDERON-Seide	n.f.												Triäthylamin		Heptan/ ,,	18
1,154 ± 0,002	,,	n.f.												Dimethylformamid		,, / ,,	18
1,154 ± 0,002	,,	n.f.												Dimethylformamid/Äthylen-bromid 70/30-Heptan		,, / ,,	18
1,154 ± 0,002	,,	a.t.			×	90								Xylol/Acetylentetrachlorid	1	Xylol/Acetylentetrachlorid	7
1,154 ± 0,002	,,			×		110	1 200							Heptan/Tetrachlorkohlenstoff	20	Heptan/Tetrachlorkohlenstoff	18
1,154 ± 0,002	,,			×		110	1 200	×	×					,, / ,,	20	,, / ,,	18
1,154 ± 0,002	,,		×			190	5	×						,, / ,,	20	,, / ,,	18
1,154 ± 0,002	,,		×			180	15							,, / ,,	20	,, / ,,	18
1,154 ± 0,002	,,	n.f.	×			150	30							,, / ,,	20	,, / ,,	18
1,154 ± 0,002	,,	n.f.	×			170	30							,, / ,,	20	,, / ,,	18
1,154 ± 0,001	,,	a.t.			×	100	3 600							Xylol/Acetylentetrachlorid	1	Xylol/Acetylentetrachlorid	7
1,153 ± 0,002	,,													Heptan/Tetrachlorkohlenstoff	20	Heptan/Tetrachlorkohlenstoff	18
1,153 ± 0,001	,,	a.t.		×		130	1 800							Xylol/Acetylentetrachlorid	1	Xylol/Acetylentetrachlorid	7
1,153 ± 0,002	,,		×			160	15							Heptan/Tetrachlorkohlenstoff	20	Heptan/Tetrachlorkohlenstoff	18
1,153 ± 0,002	,,		×			160	15	×						,, / ,,	20	,, / ,,	18
1,153 ± 0,002	,,	n.f.	×			160	30							,, / ,,	20	,, / ,,	18
1,153 ± 0,001	,,	a.t.			×	100	1800							Xylol/Acetylentetrachlorid	1	Xylol/Acetylentetrachlorid	7
1,152 ± 0,002	DEDERON-Faser													Heptan/Tetrachlorkohlenstoff	20	Heptan/Tetrachlorkohlenstoff	16
1,152 ± 0,002	PA-66-Cord													,, / ,,	20	,, / ,,	16
1,152 ± 0,001	DEDERON-Seide	a.t.		×		130	300							Xylol/Acetylentetrachlorid	1	Xylol/Acetylentetrachlorid	7
1,152 ± 0,001	,,	a.t.		×		130	7 200							,, / ,,	1	,, / ,,	7
1,151 ± 0,002	PA-6-Cord															Heptan/Tetrachlorkohlenstoff	16
1,151 ± 0,002	DEDERON-Seide	n.f.												Heptan/Tetrachlorkohlenstoff	20	,, / ,,	18
1,151 ± 0,001	,,	a.t.	×			180	60							Xylol/Acetylentetrachlorid	1	Xylol/Acetylentetrachlorid	7
1.150 ± 0,001	,,	a.t.	×			160	1 800							,, / ,,	1	,, / ,,	7

Tabelle 1. (*Forts.*)

Dichte g/cm³	Material	Materialvorbehandlung: Feuchte	thermische Behandlung: Heißluft-Fixierung	thermische Behandlung: Sattdampf-Fixierung	thermische Behandlung: Heißwasser-Fixierung	thermische Behandlung: Temperatur °C	thermische Behandlung: Zeit s	thermische Behandlung: unter Spannung	thermische Behandlung: mit Vorvakuum	mechanische Behandlung: Reckung	mechanische Behandlung: Tordierung Dr/m	mechanische Behandlung: Quetschung kp	mechanische Behandlung: Temperatur °C	Vortränkung: Vortränkflüssigkeit	Vortränkung: Zeit in h	Meßflüssigkeit	Literaturstelle
1,148 ± 0,002	PA-66-Seide													Heptan/Tetrachlorkohlenstoff	20	Heptan/Tetrachlorkohlenstoff	16
1,148 ± 0,001	DEDERON-Seide	a.t.									5400			Xylol/Acetylentetrachlorid	1	Xylol/Acetylentetrachlorid	7
1,148 ± 0,001	,,	a.t.									4050			,, / ,,	1	,, / ,,	7
1,148 ± 0,001	,,	a.t.										5		,, / ,,	1	,, / ,,	7
1,148 ± 0,001	,,	a.t.	×			130	1800							,, / ,,	1	,, / ,,	7
1,147 ± 0,001	,,	a.t.												,, / ,,	1	,, / ,,	7
1,147 ± 0,001	,,	a.t.									2700			,, / ,,	1	,, / ,,	7
1,147 ± 0,001	,,	a.t.									1350			,, / ,,	1	,, / ,,	7
1,147 ± 0,001	,,									1:3						,, / ,,	7
1,147 ± 0,001	,,									1:4						,, / ,,	7
1,147 ± 0,002	,, (Wolfen)									1:4,97				Heptan/Tetrachlorkohlenstoff	20	Heptan/Tetrachlorkohlenstoff	18
1,147 ± 0,001	,,	a.t.	×			100	1800							Xylol/Acetylentetrachlorid	1	Xylol/Acetylentetrachlorid	7
1,146 ± 0,002	PA-6-Runddraht (Aceta)															Benzol/Tetrachlorkohlenstoff	16
1,146 ± 0,002	DEDERON-Seide (Wolfen)									1:4,56				Heptan/Tetrachlorkohlenstoff	20	Heptan/ ,,	18
1,146 ± 0,002	,, (Guben)									1:4,53			180	,, / ,,	20	,, / ,,	18
1,146 ± 0,002	,, ,,									1:4,56			180	,, / ,,	20	,, / ,,	18
1,146 ± 0,002	,, ,,									1:5,0			180	,, / ,,	20	,, / ,,	18
1,145 ± 0,002	PA-6-Seide															Benzol / ,,	16
1,144 ± 0,002	DEDERON-Seide (Wolfen)									1:3,9						Heptan/ ,,	18
1,143 ± 0,001	,,	a.t.										10		Xylol/Acetylentetrachlorid	1	Xylol/Acetylentetrachlorid	7
1,143 ± 0,001	,,									1:2						,, / ,,	7
1,143 ± 0,002	,, (Wolfen)									1:3,7				Heptan/Tetrachlorkohlenstoff	20	Heptan/Tetrachlorkohlenstoff	18
1,143 ± 0,002	(Guben)									1:3,84			180	,, / ,,	20	,, / ,,	18
1,142 ± 0,002	PA-6-Seide matt															Benzol / ,,	14
1,142 ± 0,002	KAPRON-Faser (amorph)															Xylol / ,,	8
1,142 ± 0,002	NYLON-Faser (amorph)															Toluol / ,,	8
1,142 ± 0,002	DEDERON-Seide (Guben)									1:3,62			180	,, / ,,	20	Heptan/ ,,	18
1,142 ± 0,002	,, ,,									1:4,68			120	,, / ,,	20	,, / ,,	18
1,141 ± 0,001	PA-6-Seide, glänzd.															Benzol / ,,	14
1,141 ± 0,002	DEDERON-Seide (Guben)									1:4,35			120	,, / ,,	20	Heptan/ ,,	18
1,14	PA-66-Seide																15
1,14	,,																11
1,14	,,															Xylol/Pentachloräthan	12
1,140 ± 0,001	DEDERON-Seide	a.t.			×	90								Xylol/Acetylentetrachlorid	0,25	Xylol/Acetylentetrachlorid	7
1,140	KAPRON-Faser									1:×						Xylol/Tetrachlorkohlenstoff	9
1,140	,,									1:×						,, / ,,	9
1,140 ± 0,002	DEDERON-Seide (Wolfen)									1:3,5				Heptan/Tetrachlorkohlenstoff	20	Heptan/ ,,	18
1,140 ± 0,002	,, (Guben)									1:3,99			120	,, / ,,	20	,, / ,,	18

1,139 ± 0,001	PA-6-Faser, matt														Benzol /Tetrachlorkohlenstoff	14
1,139 ± 0,002	DEDERON-Seide (Wolfen)								1:3,31				Heptan/Tetrachlorkohlenstoff	20	Heptan/ ,,	18
1,139 ± 0,002	,, (Guben)								1:3,8				,, / ,,	20	,, / ,,	18
1,1386	PA-66-Seide; DuPont								1:×						n-Heptylbromid	2
1,138 ± 0,001	PA-66-Faser, glänzend														Benzol/Tetrachlorkohlenstoff	14
1,138 ± 0,002	DEDERON-Seide (Wolfen)								1:3,14				,, / ,,	20	Heptan/ ,,	18
1,138 ± 0,002	,, (Guben)								1:4,08			120	,, / ,,	20	,, / ,,	18
1,138 ± 0,002	,, ,,								1:3,8			120	,, / ,,	20	,, / ,,	18
1,138 ± 0,002	,, ,,								1:3,5				,, / ,,	20	,, / ,,	18
1,137 ± 0,001	,,														Xylol/Acetylentetrachlorid	7
1,137 ± 0,002	,, (Wolfen)								1:3,0				,, / ,,	20	Heptan/Tetrachlorkohlenstoff	18
1,137 ± 0,002	,, (Guben)								1:3,62				,, / ,,	20	,, / ,,	18
1,136 ± 0,002	,, (Wolfen)								1:2,0				,, / ,,	20	,, / ,,	18
1,136 ± 0,002	,, ,,								1:2,5				,, / ,,	20	,, / ,,	18
1,136 ± 0,002	,, (Guben)								1:3,2				,, / ,,	20	,, / ,,	18
1,136 ± 0,002	,, ,,								1:2,9				,, / ,,	20	,, / ,,	18
1,1357	PA-66-Seide; DuPont								1:×			240			n-Butylbromid/Benzol	2
1,135 ± 0,002	DEDERON-Seide (Wolfen)								1:1,5				,, / ,,	20	Heptan/Tetrachlorkohlenstoff	18
1,135 ± 0,002	,, (Guben)								1:3,34				,, / ,,	20	,, / ,,	18
1,135 ± 0,002	,, ,,								1:2,3				,, / ,,	20	,, / ,,	18
1,135 ± 0,002	,, ,,								1:1,8				,, / ,,	20	,, / ,,	18
1,135 ± 0,002	,, ,,								1:1,3				,, / ,,	20	,, / ,,	18
1,134 ± 0,002	,, (Wolfen)								1:1				,, / ,,	20	,, / ,,	18
1,1339	PA-66-Seide; DuPont														n-Butylbromid/Benzol	2
1,1337 ± 0,0001	,, ,,														n-Heptylbromid	2
1,133 ± 0,002	DEDERON-Seide (Guben)								1:2,85				,, / ,,	20	Heptan/Tetrachlorkohlenstoff	18
1,132 ± 0,002	,, ,,								1:2,4				,, / ,,	20	,, / ,,	18
1,131 ± 0,002	,, ,,								1:1,81				,, / ,,	20	,, / ,,	18
1,128 … 1,140	PA-6-Seide								1:×						Toluol / ,,	4-6
1,12 … 1,15	PA-66-Seide														Xylol/Tetrachloräthylen	1
1,12 … 1,15	PA-6-Seide														,, / ,,	1
1,120	KAPRON-Faser														Xylol/Tetrachlorkohlenstoff	9
1,120	,,														Toluol / ,,	9
1,114 … 1,117	DEDERON-Seide	a.t.									50		Xylol/Acetylentetrachlorid	1	Xylol/Acetylentetrachlorid	7
1,100	ENANT-Faser (PA7)								1:×						,, /Tetrachlorkohlenstoff	9
1,100	,,								1:×						Toluol / ,,	9
1,090 … 1,114	DEDERON-Hohlprofil-Faser												Heptan/Tetrachlorkohlenstoff	20	Heptan/ ,,	16
1,080	ENANT-Faser (PA7)								1:1						Xylol / ,,	9
1,080	,,								1:1						Toluol / ,,	9

Pyknometerverfahren

1,179	NYLON-Faser														Quecksilber	10
1,153 ± 0,005	DEDERON-Seide	a.t.			×	90							Xylol/Acetylentetrachlorid	1	Xylol/Acetylentetrachlorid	7
1,1408 ± 0,0010	PA-66-Seide; DuPont														Heptan	2
1,1401	PA-66-Seide, glänzend														Benzol	13
1,1340 ± 0,0003	PA-66-Seide, DuPont														Heptan	2

Auftriebsverfahren

1,135 ± 0,009	PA-6-Faser														Wasser	3
1,085 ± 0,008	PA-6-Faser														Triolein	3

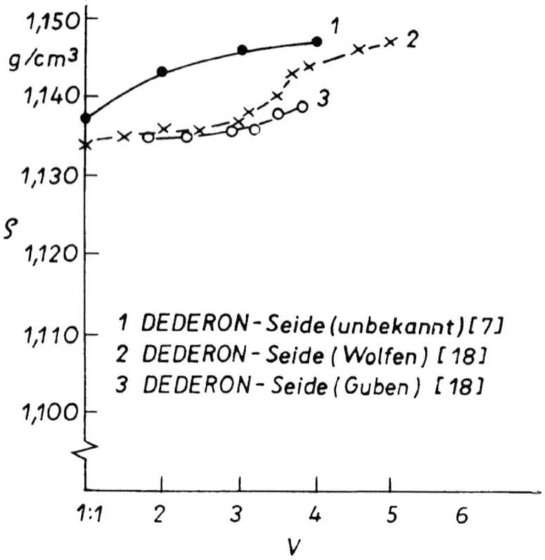

Bild 5. Dichte in Abhängigkeit vom Reckgrad *V*

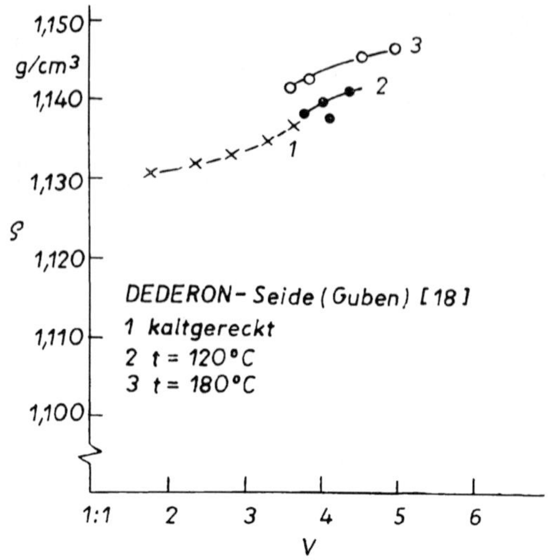

Bild 6. Dichte in Abhängigkeit vom Reckgrad *V* bei verschiedenen Recktemperaturen

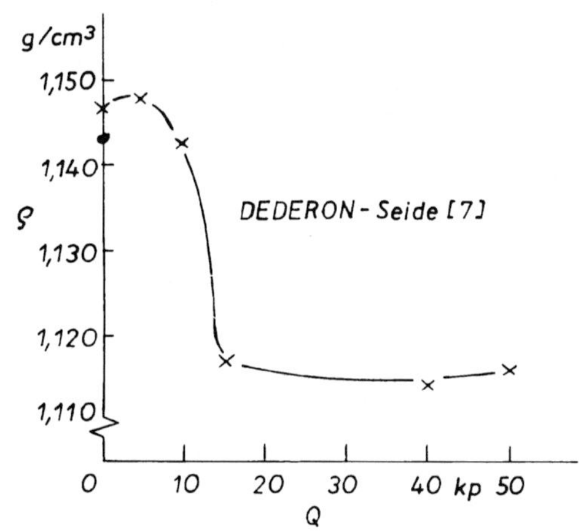

Bild 7. Dichte in Abhängigkeit von der Quetschkraft *Q*

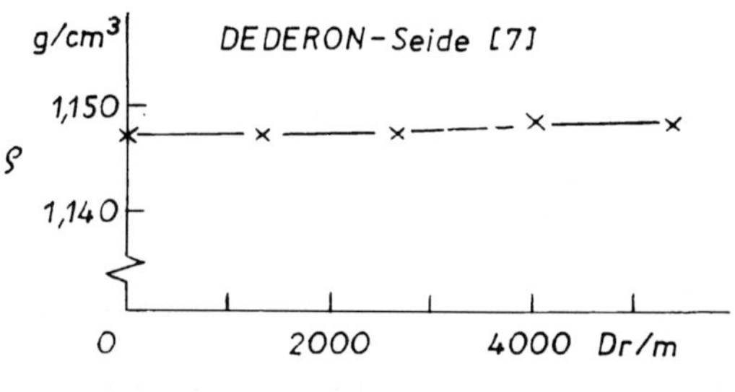

Bild 8. Dichte in Abhängigkeit von der Anzahl Drehungen je Meter

vermutet werden, daß die Meßflüssigkeit ungehindert zwischen die Fibrillen eindringen kann.

Eine eindeutige Abhängigkeit der Dichte von der Anzahl Drehungen/m wurde nicht gefunden. Der aus dem Diagramm (Bild 8) ersichtliche Anstieg der Kurve ist sehr gering und liegt noch im Fehlerbereich der Meßmethode.

3. *Zusammenfassung*

Aus den durchgeführten Untersuchungen ergibt sich, daß die Dichte von Polyamid-Seide sowohl unter dem Einfluß von thermischen als auch von mechanischen Vorbehandlungen eine mehr oder weniger große Veränderung erfährt.

Welche Schwierigkeiten bestehen, um von der Dichte des Fasermaterials auf die vorhandene Fixierart und Fixiertemperatur schließen zu können, wurde erörtert. Auch durch das Vortränken der Faserproben in entsprechenden quellend wirkenden Tränkflüssigkeiten konnte keine wesentlich bessere Differenzierung der Meßergebnisse erreicht werden.

Es zeigte sich, daß eine Fixiergradbestimmung bei Polyamid-Faserstoffen auf der Basis einer einfachen, auf etwa $\pm 0{,}002$ g/cm³ genauen Dichtebestimmung zwar gewisse Tendenzen aufzeigt, aber doch nicht ausreichend ist, um die auftretenden feinen Dichteunterschiede gesichert zu erfassen.

Eine wesentlich bessere Differenzierbarkeit der Meßwerte ist beispielsweise bei Polyesterfaserstoffen gegeben. Die Ergebnisse sollen in einer folgenden Veröffentlichung diskutiert werden.

4. *Literatur*

[1] ASTM D 276-62T: Tentative methods for identification of fibers in textiles. (Identisch mit ASA L 14. 131-1963 und AATCC Method 20-1962 T).

[2] *Black, C. E.*, und *Dole, M.:* Density of undrawn, drawn and annealed nylon filaments. J. Polymer Sci. **3** (1948) 3, S. 358–364.

[3] *Böhringer, H.*, und *Graf, W.:* Aus der Zellwollforschung. III. Von der Substanzdichte zur Faserfülligkeit. Melliand Textilber. **27** (1946) 3/4, S. 106–110.

[4] *Böhringer, H.:* Die wichtigsten physikalischen Eigenschaften von Perlonseide. Faserforsch. u. Textiltechnik **3** (1952) 10, S. 381–390.

[5] *Böhringer, H.:* Einfluß der Verstreckung auf die physikalischen Eigenschaften von Perlonseide. Melliand Textilber. **34** (1953) 8, S. 712–713.

[6] *Böhringer, H.*: Die Veränderung der physikalischen Eigenschaften von Perlon unter dem Einfluß der Verstreckung, Temperatur, Feuchtigkeit und Spannung. Textil-Praxis **8** (1953) 9, S. 745–751.
[7] *Götze, W.*: Dichtebestimmung an Polyamidseide mittels Schwebemethode. Diplomarbeit, TU Dresden, Institut für Textiltechnik 1961.
[8] *Michajlov, N. V.*, *Zav'jalova, N. N.*, und *Gorbaceva, V. O.*: Gradientmethode zur Bestimmung des spezifischen Gewichts chemischer Fasern. Chim. Volokna (Chem. Fasern) (1960) 1, S. 19–22.
[9] *Michajlov, N. V.*, *Gorbaceva, V. O.*, und *Jevleva, A. K.*: Bestimmung des spezifischen Volumens synthetischer Fasern bei steigenden Temperaturen. Chim. Volokna (Chem. Fasern) (1963) 5, S. 26–28.
[10] *Neelakantan, P.*, und *Patel, N. C.*: Improved methods of determining fibre density. J. Textile Inst. **58** (1967) 3, S. 137–139.
[11] *Preston, J. M.*: Identification of fibres. J. Textile Inst. **41** (1950) 9, S. P679–P691.
[12] *Preston, J. M.*, und *Nimkar, M. V.*: The use of density gradient tubes in fibre studies and their application to the analysis of fibre mixtures. J. Textile Inst. **41** (1950) 11, S. T446–T454.
[13] *Speakman, J. B.*, und *Saville, A. K.*: Some physical properties of nylon. J. Textile Inst. **37** (1946) 7, S. P271 bis P294.
[14] *Vecchio, G.*: Messung der Dichte von Faserstoffen mit einer Thermoflotationsmethode. Ricerca Doc. Tessile, Milano (Textilforsch. u. -dok.) **4** (1967) 2, S. 75 bis 79.
[15] *White, G. S. J.*: Recent textile contributions by the organic chemical industry. J. Textile Inst. **40** (1949) 7, S. P721–P732.
[16] *Winkler, F.*, *Sommer, H.*, und *Homann, G.*: Teilabschlußbericht zur Forschungs- und Entwicklungsarbeit — Grundlegende Untersuchungen zur Verbesserung und Neuentwicklung von Prüfverfahren und Prüfgeräten. Teilaufgabe: Dichtebestimmung an Faserstoffen, vom 28. 5. 1965.
[17] *Winkler, F.*, *Homann, G.*, und *Götze, W.*: Dichtebestimmung an Faserstoffen. III. Eigene Untersuchungen: Meßeinrichtung und Meßverfahren. Faserforsch. u. Textiltechnik **20** (1969) 2, S. 80–86.
[18] Eigene Messungen — noch nicht veröffentlicht.

Eingegangen am 28. September 1969

Kurze Mitteilungen[1]

Viskositätsverhalten von Polycaprolactam in Phenol/Tetrachloräthan-Gemischen[2]

DK 678.674'524'420:678.675'126:532.13.08:66.062.551:66.062.412.42–13:541.8

1. Problemstellung

Matrix-Fibrillen-Fäden aus Schmelzedispersionen von Polyäthylenterephthalat in Polycaprolactam werden bereits industriell hergestellt [1]. Zur Prozeß- und Produktenkontrolle bei der Erzeugung solcher Verbundwerkstoff-Fäden und für Grundlagenuntersuchungen über intercatenare Reaktionen in den Schmelzedispersionen der beiden Polykondensate werden auch lösungsviskosimetrische Charakterisierungsmethoden gebraucht. Wir werden an anderer Stelle [2] zeigen, daß sich das zur Viskosimetrie und zur phasentrennenden Fraktionierung [3] von Polyäthylenterephthalat viel genutzte Lösungsmittel Phenol(1)/Tetrachloräthan(1) (m/m) auch zur gemeinsamen Charakterisierung von Polycaprolactam und Polyäthylenterephthalat eignet. Da über die Verdünnungsviskosimetrie von Polycaprolactam in Phenol(1)/Tetrachloräthan(1) und über die Viskositäts/Konzentrations-Beziehung in diesem System u. W. noch keine literaturkundigen Angaben existieren, wollen wir hier dazu einige Experimentalergebnisse mitteilen. Außerdem werden Einflüsse der Polyamidendgruppen und der Lösungsmittelzusammensetzung auf die Viskositätskennwerte diskutiert.

2. Methodik und Fehlerbetrachtung

Die rel. Lösungsviskositäten wurden in einem modifizierten Viskosimeter nach *Berger/Deckert* [4] (Kapillardurchmesser 1 mm) bei 20°C ± 0,02 grd gemessen. Die sechs Konzentrationen (c = 1,50; 1,25; 1,00; 0,75; 0,50 und $0{,}25 \cdot 10^{-2}$ g/ml) wurden durch Verdünnen im Viskosimeter eingestellt. Oberhalb $1{,}5 \cdot 10^{-2}$ g/ml treten bei Polycaprolactam in Phenol(1)/Tetrachloräthan(1) positive Abweichungen vom linearen Verlauf von $\eta_{sp}/c = f(c)$ auf (Bild 1).

Für die Einpunktmessung einer Lösung von 1 g/dl Polycaprolactam in 95,6%ige Schwefelsäure (*Ubbelohde*-Viskosimeter, Kap. II, 20°C) betrug $s_{10}(\eta_{rel}) = 0{,}0038$ bei $\overline{\eta_{rel}} = 2{,}697$. Bei Ausrechnung von $[\eta]$ mittels der Einpunktformel von *Matthes* [5] ergibt sich dann $s([\eta]) = 0{,}5$ ml/g. Für die Verdünnungsviskosimetrie der gleichen sehr einheitlichen Probe in Phenol(1)/Tetrachloräthan(1) ermittelten wir aus zehn Messungen $s([\eta)] = 1$ ml/g bei $\overline{[\eta]} = 136{,}8$ ml/g (Bild 2). Bei Verdünnungsviskosimetrie mit Einzeleinwaagen und Messung in einem normalen *Ubbelohde*-Viskosimeter Kap. II wurde praktisch der gleiche $[\eta]$-Wert von $[\eta] = 137$ ml/g gefunden (Bild 3).

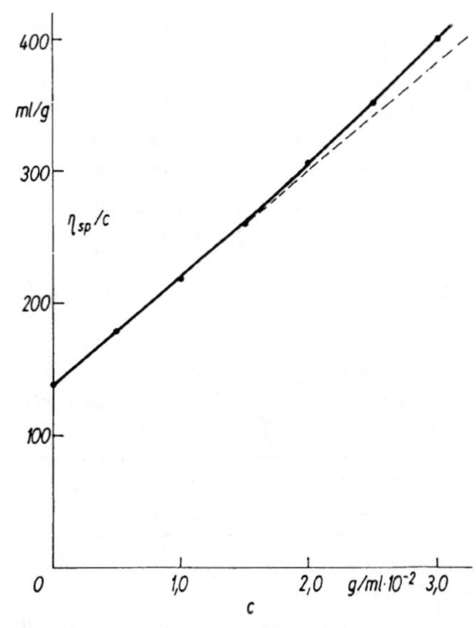

Bild 1. $\eta_{sp}/c = f(c)$ bei höheren Konzentrationen Polycaprolactam in Phenol(1)/Tetrachloräthan(1)

[1] Die Veröffentlichung der kurzen Mitteilungen erfolgt unter alleiniger Verantwortung der Verfasser.
[2] 8. Mitt. über „Analytik von Polycaprolactam". 7. Mitt. *Reinisch, G.*, u. *Gohlke, U.*, Faserforsch. u. Textiltechnik im Druck.

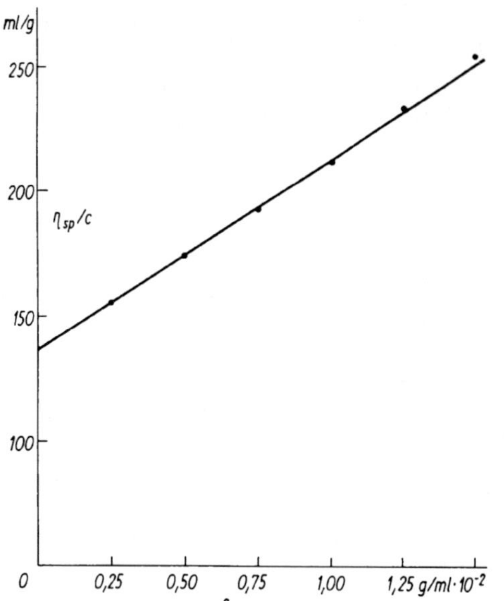

Bild 2. $\eta_{sp}/c = f(c)$ für Polycaprolactam in Phenol(1)/Tetrachloräthan(1)
Verdünnung im Viskosimeter

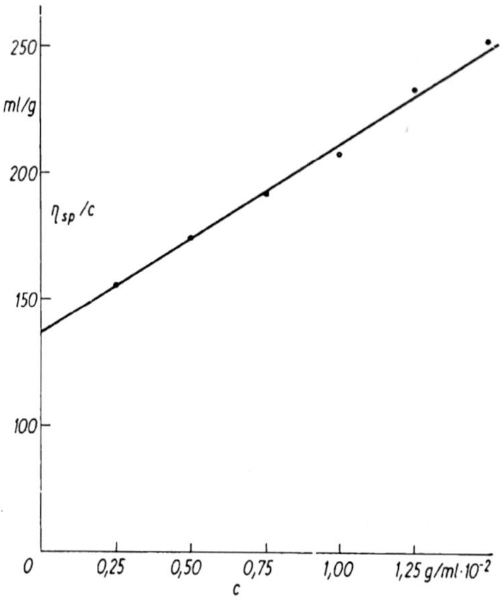

Bild 3. $\eta_{sp}/c = f(c)$ für Polycaprolactam in Phenol(1)/Tetrachloräthan(1)
Einwaageverdünnungsviskosimetrie

Phenol/Tetrachloräthan-Gemische der untersuchten Zusammensetzungen sind etwas bessere Lösungsmittel für Polycaprolactam als 95,6%ige Schwefelsäure; erhöht man den Tetrachloräthangehalt des Mischlösungsmittels, dann nimmt erwartungsgemäß die „Knäueldichte" des gelösten Polyamids zu (Tabelle 1).

3. *Endgruppenverhältnisse, Lösungsmittelgüte und Huggins-Konstante*

Šebenda und *Kraliček* [6] fanden, daß reglerfreie Polycaprolactame in Trikresol assoziieren und daß infolge dieser Linearassoziation k_H mit abnehmendem $\overline{P_n}$ der Proben ansteigt. Wie Tabelle 2 zeigt, ist k_H auch in Phenol(1)/Tetrachloräthan(1) bei reglerfreien („unstabilisierten") Proben und $\overline{P_n} < 100$ deutlich molmassenabhängig. Da k_H für diese Systeme also nicht konstant ist, muß man $[\eta]$ für Lösungen von reglerfreiem Polycaprolactam in Phenol/Tetrachloräthan-Gemischen stets als $\lim_{c\to 0} \eta_{sp}/c = f(c)$ ermitteln, Einpunktformeln lassen sich hierfür nicht anwenden. Verringert man die Lösungsmittelgüte durch Tetrachloräthanzusatz, dann nimmt k_H (und demzufolge die Assoziation) weiter zu (Tabelle 3). Aus Messungen an partiell (bis weitgehend, je

Tabelle 1. $[\eta]$-Werte von reglerfreiem Polycaprolactam in Phenol(P)/Tetrachloräthan(T)-Gemischen

$\overline{P_n}$ ¹)	H_2SO_4 $[\eta]$ [ml/g]	P(1)/T(1) $[\eta]$ [ml/g]	P(3)/T(5) $[\eta]$ [ml/g]	P(3)/T(7) $[\eta]$ [ml/g]
21,5	24,0	30	27	29
44,8	42,8	54	48	46
66,1	58,2	70	65	63
123,0	95,0	109	105	108
154,6	114,0	127	126	120

¹) Berechnung von $\overline{P_n}$ aus $[\eta]$ in 95,6%iger Schwefelsäure nach *Reinisch* [7] ($[\eta] = 5{,}0 \cdot 10^{-2}\, \overline{M_n}^{0,79}$ ml/g)

Tabelle 2. $[\eta]$- und k_H-Werte von reglerfreiem Polycaprolactam in Phenol(1)/Tetrachloräthan(1)

$\overline{P_n}$	$[\eta]$ [ml/g]	k_H
21,5	30	2,37
44,8	54	0,96
66,1	70	0,73
82,2	80	0,71
103,8	96	0,54
116,0	100	0,56
122,8	109	0,54
135,1	115	0,53
143,8	124	0,48
154,6	127	0,52

Tabelle 3. k_H-Werte von reglerfreiem Polycaprolactam bei unterschiedlicher Lösungsmittelgüte

$\overline{P_n}$	P(1)/T(1) k_H	P(3)/T(5) k_H	P(3)/T(7) k_H
21,5	2,37	3,29	2,64
44,8	0,96	1,65	1,72
66,1	0,73	1,13	1,26
123,0	0,54	0,60	0,57
154,6	0,52	0,49	0,54

Tabelle 4. $[\eta]$- und k_H-Werte von acetyliertem Polycaprolactam in Phenol(1)/Tetrachloräthan(1)

$\overline{P_n}$	$[\eta]$ [ml/g]	k_H	Ac-Grad
75,1	73	0,39	0,92
95,7	85	0,39	0,93
103,2	90	0,38	0,88
119,2	103	0,35	0,87
162,3	124	0,36	0,76
187,0	140	0,35	0,71

nach $\overline{P_n}$) acetyliertem Polycaprolactam ergibt sich, daß k_H für nichtlinearassoziiertes Polycaprolactam in Phenol(1)/Tetrachloräthan(1) den Wert von ca. 0,35 hat (Tabelle 4).

Wir danken Frau *C. Bischoff* für gewissenhafte Mithilfe bei den viskosimetrischen Messungen.

Literatur

[1] *Barmash, I.*: Allied Chemical Corp. christens bikomponent. Textile Month (1968) 6, S. 64.
[2] *Dietrich, K.*, und *Reinisch, G.*, unveröffentlicht.
[3] *Reinisch, G.*, *Rafler, G.*, und *Timofeeva, G. I.*: Selektivitätsuntersuchungen an einer Zweischichtenfraktionierung von Polyäthylenterephthalat. Angew. makromol. Chemie **7** (1969) S. 110–120.
[4] *Langhammer, G.*, *Berger, R.*, und *Seide, H.*: Schnellviskosimeter und Hochtemperaturviskosimeter für die Molekulargewichtsbestimmung an sehr geringen Probemengen. Plaste u. Kautschuk **11** (1964) 8, S. 472–475.
[5] *Matthes, A.*: Grundlagen einer viskosimetrischen Polymerisationsgradbestimmung und gestaltliche Verhältnisse der Polyamide in Lösung. J. prakt. Chemie **162** (1943) S. 245–278.
[6] *Šebenda, J.*, und *Kraliček, J.*: On the structure and properties of polyamides. XXVI. Collection czechoslov. chem. Commun. **31** (1966) S. 2534–2546.
[7] *Reinisch, G.*, unveröffentlicht.

Gerald Rafler und *Gerhard Reinisch*
Deutsche Akademie der Wissenschaften zu Berlin,
Institut für Faserstoff-Forschung
in Teltow-Seehof

Eingegangen am 13. November 1969

Neue Bücher

Methods in Microanalysis. Vol. IV. *The Determination of Carbon and Hydrogen in the Presence of other Elements or simultaneously with them.* New York: Gordon u. Breach 1969. XX, 514 S., Lwd. $ 39,00.

Im Band IV der Serie „Methoden in der Mikroanalyse" sind wiederum in guter Auswahl Übersetzungen von Arbeiten bekannter Mikroanalytiker aus der Tschechoslowakei, China, Ungarn, Polen, Rumänien und der Sowjetunion von *Julius A. Kuck* zusammengestellt und von *K. Gingold* ins Englische übertragen. In diesem Band, der mit seiner Thematik an den Band III „Die Bestimmung von Kohlenstoff und Wasserstoff und der Einsatz neuer Verbrennungskatalysatoren" anschließt, werden ausschließlich Arbeiten, die sich mit der Bestimmung von Kohlenstoff und Wasserstoff befassen, beschrieben. Modifikationen zur Bestimmung dieser Elemente, sowohl in der Methodik als auch unter besonderen Umständen oder in Gegenwart eines oder mehrerer anderer Elemente, die möglicherweise eine Störung bei der Verbrennung oder Endbestimmung bewirken können, werden hier in guter Übersetzung wiedergegeben. Dieses Buch ist besonders für den praktisch arbeitenden Mikroanalytiker zu empfehlen, der eine Vielzahl von unterschiedlichen Proben analysieren muß, die oft unter schwierigen experimentellen Bedingungen hergestellt sind. Es werden Vorschläge für vielerlei Substanzarten beschrieben, bei denen nach der üblichen Analysenmethode unzureichende Ergebnisse beobachtet werden. Oft sind es nur Kleinigkeiten in der Verbrennungstechnik oder eine Veränderung der Rohrfüllung, z. B. durch Einsatz unterschiedlicher Katalysatoren oder weiterer Chemikalien, um die Störelemente zurückzuhalten, durch die diese Schwierigkeiten beseitigt werden können. Für den Analytiker ist es sicher von Interesse, auf welchen unterschiedlichen Wegen die Schwierigkeiten bei der Bestimmung von Kohlenstoff und Wasserstoff beseitigt und gleichzeitig neue Wege eingeschlagen werden zur Mitbestimmung weiterer Elemente.

Das Buch ist in vier größere Abschnitte gegliedert.

Der Abschnitt I „Die Bestimmung von Kohlenstoff und Wasserstoff durch spezielle Technik" umfaßt 12 Veröffentlichungen, die verschiedene spezielle Methoden der Mikrobestimmung von Kohlenstoff und Wasserstoff beinhalten.

Zum Beispiel beginnt Kapitel I mit einer sowjetischen Arbeit über die Bestimmung von Kohlenstoff und Wasserstoff an Diazoniumverbindungen. Jedem Analytiker sind die hierbei auftretenden Schwierigkeiten bekannt. Durch die Zugabe einer bekannten Menge Wasser zur Einwaage konnten an 10 Diazoniumverbindungen gut reproduzierbare Werte gefunden werden. In einer weiteren sowjetischen Arbeit wird durch Zugabe von großen Mengen von Sauerstoff eine Blitzverbrennung in 2 bis 3 min durchgeführt. Vier chinesische Arbeiten befassen sich mit der Analyse von schwer verbrennbaren Verbindungen unter Einsatz des von *Körbl* beschriebenen Silberpermanganats als Katalysator. Ein Beispiel ist die erfolgreiche Bestimmung von Cholesterol. Von Interesse ist auch die Arbeit von *Fedoseev* und *Uchen*, die eine gemeinsame Bestimmung von Kohlenstoff und Wasserstoff an Polymeren vorschlagen gegenüber den sonst üblichen Einzelwerten. *Revel'skii* u. Mitarb. beschreiben in ihren Arbeiten die Anwendung der Gaschromatographie zur Elementaranalyse. Von *Gel'man* u. Mitarb. wird der Einsatz eines „Infrarotgasanalysators" beschrieben, um nur einige zu nennen.

Im Abschnitt II „Die Kohlenstoff- und Wasserstoff-Bestimmung in Gegenwart von anderen Elementen" werden 17 Artikel zusammengefaßt, in denen die Kohlenstoff- und Wasserstoff-Analyse in Gegenwart von anderen Elementen, wie z. B. Quecksilber, Thallium, Silicium, Zinn, Phosphor, Arsen, Schwefel, Selen, Fluor, Chlor oder Brom durchzuführen ist, während Abschnitt III „Die gleichzeitige Bestimmung von Kohlenstoff und Wasserstoff und einem oder mehreren Elementen" in 32 Arbeiten behandelt. Im Abschnitt II sind besonders die Arbeiten von *Binkowski* und *Večeřa* zu erwähnen. Wie im Abschnitt II werden auch im nächsten Kapitel Methoden zur C—H-Bestimmung in Gegenwart der unterschiedlichsten Heteroatome vorgeschlagen unter Einsatz verschiedener Katalysatoren, wie Kobalt(II, III)-oxid, Silberpermanganat oder Bleichromat, um nur einige zu nennen. Erwähnenswert sind hier Arbeiten von *Fedoseev* u. Mitarb. oder *Gel'man* u. Mitarb. oder von *Terent'ev* und seiner Gruppe.

Abschnitt IV besteht dagegen nur aus einem rumänischen Artikel über die Bestimmung des Kohlenstoffgehaltes organischer Verbindungen durch Verbrennung im sauerstoffgefüllten Kolben. Leider sind in dieser Zusammenstellung bei den Abbildungen kleine Druckfehler unterlaufen.

Der Band IV gibt einen recht umfassenden Überblick über elementaranalytische Arbeiten, z. T. bis 1967, und ist besonders all denen zu empfehlen, die keine Möglichkeiten haben, die Originalarbeiten zu lesen. Mit seinen vielen praktischen Hinweisen und vollständigen Arbeitsanleitungen ist er als Nachschlagewerk für den praktisch analytisch Arbeitenden zu empfehlen. *U. Bartels*

Die Krafteinheit „Newton" in Berechnungen der Technik. Von *Walter Haeder.* 2. neubearb. u. erw. Aufl. Berlin/Köln/Frankfurt (M): Beuth-Vertrieb 1967. 44 S. Brosch. DM 9,—.

Diese vom Deutschen Normenausschuß (DNA) in Berlin herausgegebene Schrift des bekannten Verfassers soll den Weg zum Verständnis der Krafteinheit „Newton" des „Internationalen Einheitensystems" (SI) erleichtern. Das Newton, Kurzzeichen N, mit der Dimension mkg/s² ist auch in der „Tafel der gesetzlichen Einheiten" der DDR als gesetzliche Einheit der Kraft festgelegt. Daneben ist als abgeleitete Einheit der Kraft das Kilopond (kp) zugelassen, als die Kraft, die die Masse 1 kg im normalen Schwerefeld der Erde auf ihre Unterlage ausübt. Es ist 1 kp = 9,80665 N.

Die Schrift geht zunächst auf die in Frage kommenden Einheitensysteme und ihre gegenseitigen Beziehungen sowie auf das Kilogramm als Masseneinheit, das Newton als Krafteinheit und die Umrechnungen zwischen kp und N ein. Anschließend wird das Internationale Einheitensystem erläutert. In einer Tabelle sind eine Anzahl Größen, die für sie empfohlenen sowie in der Praxis und im Schrifttum noch üblichen Formelzeichen und ihre Einheiten im Internationalen Einheitensystem sowie im durch das kp erweiterten technischen Maßsystem zusammengestellt. Schließlich sind 25 „Beispiele von Formeln und Formelgrößen aus der Praxis" mit den SI-Einheiten und Umrechnungen in das andere System angegeben.

Durch ihre klaren Ausführungen und durch die aus den verschiedensten technischen Gebieten entnommenen Beispiele ist die Schrift sehr geeignet, dem Leser den Übergang zur Krafteinheit Newton und darüber hinaus die Anwendung des Internationalen Einheitensystems zu erleichtern.

J. Brämer

Constitution and Biosynthesis of Lignin. Von *K. Freudenberg* und *A. C. Neish.* (Molecular Biology, Biochemistry and Biophysics, Vol. 2. Hrsg.: *A. Kleinzeller, G. F. Springer, H. G. Wittmann.*) Berlin/Heidelberg/New York: Springer 1968. IX, 129 S. Geb. DM 28.—.

Wie bereits aus dem Titel des Buches hervorgeht, besteht es aus zwei Teilen, von denen jeder aus der Feder eines Experten auf seinem Fachgebiet hervorgegangen ist. Der erste Teil (*A. C. Neish*) befaßt sich mit der Biosynthese der am Ligninaufbau beteiligten Monomeren, der zweite, mehr als doppelt so lange Teil (*K. Freudenberg*) behandelt Fragen der Strukturaufklärung des Lignins und das Problem der Verknüpfung der monomeren Bausteine zum polymeren Molekül.

Neish geht im ersten Kapitel seines Beitrages auf die bei den Untersuchungen verwendeten Methoden ein, wobei es sich im wesentlichen um Fütterungsversuche mit radioaktiven Vorstufen handelt, deren Einbaurate in das Lignin gemessen wird. Ferner wird auf die Schwierigkeiten hingewiesen, die bei Untersuchungen des Fermentapparates in höheren Pflanzen infolge der Anwesenheit von Phenolkörpern als Enzyminhibitoren auftreten können. So verweist er beispielsweise auf die Tatsache, daß die Gegenwart von L-Tyrosin-Ammoniaklyase im Acetontrockenpulver leicht feststellbar ist, daß aber eine entsprechende Aktivität im frisch gefrorenen Material nur schwer nachzuweisen ist. Da letzten Endes alle monomeren Ligninvorstufen aus dem Biosyntheseweg der aromatischen Aminosäuren hervorgehen, dieser aber definitiv bisher nur für die Mikroorganismen bewiesen war (*Davis*), beziehen sich die Untersuchungen des Verfassers zunächst auf die Biosynthesewege in der höheren Pflanze. In umfangreichen Untersuchungen wird dann die Frage geprüft, inwieweit ringsubstituierte Zimtsäuren als Zwischenprodukte in der Lignifizierung fungieren. In diesem Zusammenhang wird auch auf die beteiligten Fermentsysteme eingegangen (Ammoniaklyasen, Phenolasen, Hydroxylasen, O-Methyltransferasen). Die Reduktion der Zimtsäuren zu den entsprechenden Zimtalkoholen wird anschließend diskutiert. Schließlich werden noch Verbindungen besprochen, die mit dem Lignin biogenetisch verwandt sind: Flavonoide, Cumarine, Acetophenone, Hydroxybenzoesäuren, Ester und Glycoside hydroxylierter Zimt- und Benzoesäuren sowie der entsprechenden Alkohole, und einige Alkaloide. Ein Kapitel über die stammesgeschichtliche Entwicklung der Verholzung beschließt diesen Artikel.

Freudenberg teilt seinen Beitrag in zwei Teile. Im ersten behandelt er Ligninpräparationen und ihre Isolierung, geht dann auf Fragen der aromatischen Natur des Lignins ein (noch 1948 dachten einige Forscher, daß Lignin ein aromatischer Artefakt ist, der sich bei der Behandlung der verholzten Substanz mit Chemikalien bildet) und beschreibt die Ergebnisse der Elementaranalyse sowie des summarischen Gehalts des Lignins an funktionellen Gruppen. Im zweiten Teil werden dann Abbauversuche des Lignins zu Methoxybenzolcarbonsäuren der Brenzcatechin-, Anisol- und Trimethoxybenzolreihe besprochen, die wesentliche Aufschlüsse über die Struktur des Lignins vermitteln. Es folgen jene bemerkenswerten biochemischen Untersuchungen zur Dehydrierung des Coniferylalkohols und verwandter Hydroxyzimtalkohole, aus denen hervorgeht, daß der biochemische Mechanismus sich auf die Wegnahme eines Wasserstoffatoms des phenolischen Hydroxyls unter Bildung von vier mesomeren Chinonmethidradikalen beschränkt, die dann in nichtenzymatischer Weise zu den oligo- und polymeren Strukturen einrasten (Lignin als Dehydrierungspolymerisat). Alle Ergebnisse dieser Arbeiten gipfeln in dem Versuch, begründete Strukturformeln sowohl für das Fichten- als auch für das Buchenlignin zu entwickeln.

Eine Empfehlung dieses Buches erübrigt sich. Auch der Grund dafür, daß viele gute Bücher ihres hohen Preises wegen nur beschränkte Verbreitung finden, entfällt hier, so daß diese Monographie in der Handbibliothek nicht nur jedes „Holzlaboratoriums", sondern auch der biochemischen Laboratorien zu finden sein sollte. *H. Koblitz*

Guidebook to Man-Made Textile Fibers and Textured Yarns of the World. Film to Yarn. Non-Wovens. Von *Adeline A. Dembeck.* 3rd. Ed. New York: The United Piece Dye Works 1969. 345 S. 8°. Plastikbd.

Gegenüber der zweiten Auflage[1]) hat sich die Zahl der verzeichneten Handelsnamen von 1200 auf 1875 erhöht. Auch sonst ist die Verfasserin mit Erfolg bemüht gewesen, das Verzeichnis auf den neuesten Stand zu bringen und Unstimmigkeiten der vorigen Auflage auszumerzen. Die Gliederung der ersten Auflagen ist in den Hauptabschnitten beibehalten worden. Hinzugekommen sind u. a. Abschnitte über die Faserstoffherstellung aus Filmen, die Technologie der Textilverbundstoffe und eine Liste der „associations". Letztere ist sehr kurz und in bezug auf die aufgenommenen Industrievereinigungen und wissenschaftlichen Gesellschaften und Institute noch recht unausgeglichen bzw. unvollständig. Während japanische Institute in großer Zahl aufgeführt sind, fehlen z. B. das Textile Institute in Manchester, das Institut Textile de France und das Textile Research Institute in Princeton, um nur einige der bekanntesten Institute zu nennen.

Insgesamt gebühren der Verfasserin und der herausgebenden Firma unser Dank für die mit der Bearbeitung der Neuauflage verbundenen Mühen und Kosten.

J. Brämer

[1]) s. Faserforsch. u. Textiltechnik **16** (1965) 8, S. 419.

Patentschau

Auszug aus der Lieferung 15/16 und 17/18/1969 der Patentschau „Faserstoffe und Textiltechnik", Ausgabe A: Faserstoffe einschl. Kunststoffe und organ. Grundsubstanzen, zusammengestellt von der Abteilung Wissenschaftliches Berichtswesen des Instituts für Faserstoff-Forschung der DAW, 153 Teltow-Seehof, Kantstr. 55

Die Patentschau ist nach der deutschen Patentklasseneinteilung gegliedert. Es bedeuten: DDP = DDR-Patent; DBP = Deutsches Bundespatent; DAS = (West)-Deutsche Auslegeschrift; DOS = (West)-Deutsche Offenlegungsschrift; OeP = Österreichisches Patent; PoP = Polnisches Patent; SzP = Schweizer Patent; FrP = Französisches Patent; GBP = Britisches Patent; JaP = Japanisches Patent; SvP = Schwedisches Patent; SUP = Sowjetisches Patent; ČSP = Tschechoslowakisches Patent; USP = Amerikanisches Patent; A = Anmeldedatum, B = Tag der Ausgabe der Patent- bzw. Auslegeschrift.

Klasse 12o, 6. Synthetische Derivate der Kohlenhydrate u. dgl., z. B. Celluloseester, auch Viscose

JaP 6070/69. Celluloseregenerierung. Inh.: Jujo Paper Co. Ltd. A. 28.4.64, B. 14. 3. 69. A.-Z.: 23973/64.

Klasse 12o, 14. Aromatische Carbonsäuren und Harzsäuren (teilweise)

DOS 1418645. Verfahren zur Gewinnung gut filtrierbarer und reiner Terephthalsäure aus Oxydationsprodukten von p-disubstituierten oxydierbaren aromatischen Verbindungen. Erf.: *Ludwig Vogel Adolf Kreyer, Erhard Borchers* u. *Karl Schmeidl.*
Anm.: Badische Anilin- & Soda-Fabrik AG, 6700 Ludwigshafen. A. 9. 12. 60, O. 6. 2. 69. Kl.: 12o, 14. A.-Z.: 1418645.

JaP 23612/68. Terephthalsäure. Inh.: Nippon Soda Co. A. 18. 12. 64, B. 11. 10. 68. A.-Z.: 71004/64.

USP 3439020. Verfahren zur Reinigung von Bis-(β-hydroxyäthyl)terephthalat und -isophthalat. Erf.: *Michitoshi Kitabatake, Masatomo Ito, Takashi Ikeda, Noriyoshi Aozuka* u. *Yoshitaka Noguchi.* Inh.: Showa Denko Kabushiki Kaisha, Tokio (Ja). A. 19. 7. 66, B. 15. 4. 69. Kl.: 260—475. Int. Kl.: C 07c 69/80, 69/82. 6 Anspr. A.-Z.: 566219. Prior.: 26. 7. 65 (Ja; A.-Z.: 40/44822, JaP 21054/68.) Entspr. DAS 1274111.

Klasse 12o, 21. Carbonsäuren mit ungesättigter Atomkette, z. B. Zimtsäure (teilweise)

DOS 1468251. Verfahren und Einrichtung zur Reinigung von Acrylnitril. Erf.: *Teodor Rez, Savel Matache, Gheorghe Frunza I.* Anm.: Ministerul Industriel Petrolului si Chimici, Bukarest. A. 20. 3. 63, O. 27. 2. 69. Kl. 12o, 21. A.-Z.: P 1468251. Prior.: 4. 4. 62 (Ru; A.-Z.: 45283). Entspr. DDP 43189 u. FrP 1358675.

DOS 1468726. Verfahren zur Herstellung von Akrylestern. Erf.: *Kumejiro Hattori, Shichiro Shoda* u. *Haruo Komatsubara.* Anm.: Toa Gosei Kagaku Kogyo Kabushiki Kaisha, Tokio. A. 15. 6. 62, O. 20. 2. 69. Kl.: 12o, 21. A.-Z.: P 1468726. Prior.: 16. 6. 61 (Ja; A.-Z.: 21093). Entspr. FrP 1459733.

DOS 1518513. Herstellung von Acrylsäure. Erf.: *Akira Yomiyama, Tsuneyuji Kato* u. *Toru Ide.* Anm.: Asahi Chemical Industry Co. Ltd., Tokio. A. 22. 11. 65, O. 27. 2. 69. Kl.: 12o, 21. A.-Z.: 1518513. Prior.: 25.11.64 (Ja; A.-Z.: 65985).

JaP 8210/69. Acrylnitrilmonomeres. Inh.: Toho Beslon Co. Ltd. A. 19.11.65, B. 17. 4. 69.

Klasse 12p, 5. Stickstoffringe der heterocyclischen Reihe mit einem Stickstoffatom. Sonstige Ringe mit einem Stickstoffatom...; Lactame... (teilweise)

DOS 1445515. Verfahren zur Herstellung von substituierten Lactamen. Erf.: *Hubertus Baron* Anm.: Badische Anilin- & Soda-Fabrik AG, 6700 Ludwigshafen. A. 13. 12. 63, O. 13. 2. 69. Kl.: 12p, 5. A.-Z.: P 1445515.

USP 3437655. Lactame von cycloaliphatischen Ketoximen durch Beckmann-Umlagerung mittels HCl als Katalysator. Erf.: *Johan W. Garritsen* u. *Johan A. Bigot.* Inh.: Stamicarbon N. V., Heerlen (Nd). A. 13. 5. 64, B. 8. 4. 69. Kl.: 260–239,3. Int. Kl.: C 07d 41/06. 15 Anspr. A.-Z.: 367212. Prior.: 14. 5. 63 (Nd; A.-Z.: 292749). Entspr. SzP 449021 u. FrP 1418841.

USP 3437656. Verfahren zur Herstellung von α-Amino-ω-lactamen. Erf.: *Winfried Vermijs J. W.* u. *Johan P. H. von den Hoff.* Inh.: Stamicarbon N. V., Heerlen (Nd). A. 5. 8. 66, B. 8. 4. 69. Kl.: 260–239,3. Int. Kl.: C 07d 41/06. 3 Anspr. A.-Z.: 570439. Prior.: 13. 8. 65 (Nd; A.-Z.: 6510583). Entspr. SzP 471790.

Klasse 29a. Mechanische Gewinnung von Gespinstfasern

SzP 471917. Verfahren und Vorrichtung zur Herstellung von künstlichen und synthetischen Fäden mit verflochtenen bzw. verschlungenen Vorsprüngen. Erf.: u. Inh.: *Renato Torsellini,* Nr. 69A, via Mario Pagano, Mailand (It). A. 14. 11. 67. Kl.: 29a, Int. Kl.: D 02j 1/08. A.-Z.: 15882/67. Prior.: 17. 11. 66 (It; A.-Z.: 42933/66).

DOS 1435371. Verfahren zur Herstellung von Hohlfäden sowie die nach diesem Verfahren hergestellten Hohlfäden. Erf.: *Giacomo Cerutti* u. *Giorgio Faraci.* Anm.: Bemberg Societa per Azioni, Mailand (It). A. 30. 11. 64, O. 30. 1. 69. Kl.: 29a, 6/04. A.-Z.: P 1435371 (B 79549). Prior.: 2. 12. 63 (It; A.-Z.: 41515). Entspr. DDP 49660.

DOS 1435325. Verfahren und Vorrichtung zum Abziehen der Fäden beim Spinnkannen- bzw. Spinnzentrifugenprozeß. Erf.: *Shigeru Matsuoka, Kiyoshi Fujisawa, Shoachi Masai* u. *Atsumi Asami.* Anm.: Asahi Kasei Kogyo Kabushiki Kaisha, Osaka (Ja). A. 11. 10. 63, O. 30. 1. 69. Kl.: 29a, 6/06. A.-Z.: P 1435325 (A 44284). Prior.: 11. 10. 62 (Ja; A.-Z.: 43807).

JaP 2048/69. Spinnen. Inh.: Kanegafuchi Spinning Co., Ltd. A. 15. 5. 65, B. 29. 1. 69. Kl.: 42A. A.-Z.: 28696/65.

USP 3447308. Polyfile Seiden zum Verstärken elastischer Gegenstände. Erf.: *Wilhelmus J. Fontijn* u. *Korstiaan J. M. van Drunen* Inh.: American Enka Corp., Enka. N. C. A. 28. 8. 67, B. 3. 6. 69. Kl.: 57–140. Int. Kl.: D 02g 3/04 u. D 01d 7/04. 12 Anspr. A.-Z.: 663812. Prior.: 8. 9. 66 (Nd; A.-Z.: 6612628). Entspr. FrP 1542655.

GBP 1155385. Hitzebehandlung von Fäden. Inh.: T. M. M. (Research) Ltd. A. 18. 8. 66, B. 18. 6. 69. Kl.: B5.B. Int. Kl.: D 01d 11/00. A.-Z.: 36943/65.

JaP 7749/69. Polypropylenfäden. Inh.: Toyo Rayon Co., Ltd. A. 9. 11. 64, B. 11. 4. 69. Kl.: 42D. A.-Z.: 63041/64.

USP 3441642 Zus. z. Pat. m. A.-Z.: 306659. A. 3. 9. 63. Verstreckung und Wärmerelaxation von Polyamidfäden. Erf.: *Frederick N. Engelman* u. *Michael M. McNamara.* Inh.: Monsanto Co., St. Louis, Mo. A. 18. 10. 66, B. 29. 4. 69. Kl.: 264–237. Int. Kl.: D 02j 13/00, 1/22. 2 Anspr. A.-Z.: 587596.

DOS 1435360. Extruderkopfstück. Erf.: *Reinhold Jung* u. *Gerd Albrecht.* Anm.: Barmag Barmer Maschinenfabrik AG, 5600 Wuppertal. A. 21. 4. 64, O. 30. 1. 69. Kl.: 29a, 6/10. A.-Z.: P 1435360 (B 76427). Entspr. GBP 1102774 u. USP 3262156.

JaP 2049/69. Spinnen von Flachfäden. Inh.: Nippon Rayon Co., Ltd. A. 21. 10. 66, B. 29. 1. 69. Kl.: 42A. A.-Z.: 70612/66.

SUP 244554 (Urheberschein). Düsenhalter zur Spinnmaschine für Synthesefaserstoff. Erf.: *O. V. Ponomarev, B. A. Gudovskij, L. M. Zel'din* u. *A. E. Kacman.* Anm.: Special'noe konstruktorsko-techničeskoe Bjuro Mašin chimičeskich volokon. A. 9. 10. 67, B. 28. 5. 69. Kl.: 29a, 6/10. Int. Kl.: D 01d. A.-Z.: 1190372/28–12.

USP 3439382. Spinndüsenanordnung zum Spinnen von hochviskosen polymeren Substanzen. Erf.: *Robert Sluijters.* Inh.: American Enka Corp., Enka. N. C. A. 23. 12. 66, B. 22. 4. 69. Kl.: 18–8. Int. Kl.: D 01d (1/00. 3 Anspr. A.-Z.: 604293. Prior.: 4. 1. 66 (Nd; A.-Z.: 6600025).

DOS 1435478. Verfahren und Vorrichtung zum Herstellen von verbesserten, gewellten, schlitzfähigen Borsten aus Polyvinylverbindungen. Erf. u. Anm.: *Erwin Hahl, Hanspeter Hahl, Steffen Hahl,* 7932 Munderkingen u. *Willi Müller,* 5210 Friedrich-Wilhelmshütte. A. 29. 2. 64, O. 6. 2. 69. Kl.: 29a, 6/20. A.-Z.: P 1435478 (H 51891).

DOS 1435510. Mehrfach-Verfahren zur Herstellung von zusammengesetzten Acrylfäden. Erf.: *Yoshimasa Yijita, Kazumi Nakagawa Keitaro Shimoda* u. *Koji Miyashita.* Anm.: Japan Exlan Co. Ltd., Osaka (Ja). A. 13. 10. 64, O. 30. 1. 69. Kl.: 29a, 6/20. A.-Z.: P 1435510 (J 26588). Prior.: 14. 10. 63 (Ja; A.-Z.: 55198, Jap 27584)/67. Entspr. FrP 1527679 u. GBP 1027018.

DOS 1435648. Verfahren zur Herstellung von Komposit-Einzelfäden enthaltenden Fäden aus chemisch-gleichartigen Polyamiden. Erf.: *Walter Settele.* Anm.: Société de la Viscose Suisse, Emmenbrücke (Sz). A. 1. 9. 61, O. 6. 2. 69. Kl.: 29a, 6/20. A.-Z.: P 1435648 (S 75558). Entspr. SzP 401346 u. GBP 969110.

DOS 1435698. Düse für die Herstellung von gekräuseltem Garn nach dem Drallverfahren. Erf.: *Katsumi Nagahara, Shochi Sakajiri, Takai Mukai, Isao, Takai.* Anm.: Teikoku Jinzo Kenshi Kabushiki Kaisha, Osaka (Ja). A. 29. 6. 61, O. 30. 1. 69. Kl.: 29a, 6/20. A.-Z.: P 1435698 (T 20362). Prior.: 29. 6. 60, 26. 12. 60 u. 31. 5. 61 (Ja; A.-Z.: 29396, 50164 u. 18909). Entspr. SzP 413213 u. USP 3206922.

DAS 1292304. Vorrichtung zur Herstellung eines Garnes mit regellos ineinander verflochteten Einzelfäden. Erf.: *Domenico Nicita* u. *Piero Giacobone.* Anm.: Snia Viscosa Società Nazionale Industria Applicazioni Viscosa S. p. A., Mailand (It). A. 18. 1. 63, B. 10. 4. 69. Kl.: 29a, 6/20. A.-Z.: P 1292304 (S 83321). Prior.: 19. 2. 62 (It; A.-Z.: 20661). Entspr. GBP 1012522.

FrP 1571971. Verfahren zum Kräuseln von Fäden. Inh.: Courtaulds Ltd. A. 11. 7. 68, B. 20. 6. 69. Int. Kl.: D 02g. A.-Z.: 158800. Prior.: 11.7.67 (GB; A.-Z.: 31761/1967).

ČSP 131967 Zus. z. Pat. 113912. Vervollkommnete Vorrichtung zur Formung von Textilfasern mit Falschdraht. Erf.: *Miroslav Jungmann* u. *František Vašek.* A. 20. 3. 67, B. 15. 10. 68. Kl.: 29a, 6/20. A.-Z.: 1973/67.

ČSP 132355. Fixierkörper für die Warmverarbeitung von synthetischen Garnen, besonders beim Formen. Erf.: *Josef Holub, František Adamec, Miroslav Jungmann* u. *Josef Rod.* A. 17. 2. 67, B. 15. 1. 68. Kl.: 29a, 6/20. Int. Kl.: D 01d. A.-Z.: 1185/67.

DOS 1435361. Verfahren zum Strecken von synthetischen Garnen. Erf.: *Michael Frank Culpin.* Anm.: British Nylon Spinners Ltd., Pontypool, Monmouthshire (GB). A. 23. 4. 64, O. 30. 1. 69. Kl.: 29a, 6/31. A.-Z.: P 1435361 (B 76481). Prior.: 24. 4. 63 (GB; A.-Z.: 16092, GBP 995577 Entspr. USP 3364293.

DOS 1435396. Verfahren zur Herstellung von Fäden aus polymerem Material. Erf.: *Arthur William Moore.* Anm.: Canadian Industries Ltd., Montreal (Ca). A. 3. 1. 62, O. 30. 1. 69. Kl.: 29a, 6/31. A.-Z.: P 1435396 (C 25904). Prior.: 11. 1. 61 (Ca; A.-Z.: 1189).

Klasse 39b 4. Polymerisationsprodukte

FrP 1570361. Verfahren und Vorrichtung zur Polymerisation von Monomeren oder Monomermischungen, deren Polymere in den entsprechenden Monomeren unlöslich sind. Inh.: Institut für Chemieanlagen. A. 28. 6. 68, B. 6. 6. 69. Int. Kl.: C 08f. A.-Z.: 157269.

FrP 1566490. Homogene Copolymere und ihr Herstellungsverfahren. Inh.: Imperial Chemical Industries Ltd. A. 7. 3. 68, B. 9. 5. 69. Int. Kl.: C 08f. A.-Z.: 142831. Prior.: 7. 3. 67 u. 20. 9. 67 (GB; A.-Z.: 13070/66 u. 42898/67). A.-Z.: 13070/66 vgl. auch FrP 1515628.

USP 3426104 Zus. z. Pat. m. A.-Z.: 219761. A. 27. 8. 62. Copolymerisierte Alkylallyloxybenzolderivate enhaltende, färbbare Acrylnitrilpolyemere Erf.: *James C. Masson.* Inh.: Monsanto Chemical Co., St. Louis, Mo. A. 28. 9. 65, B. 4. 2. 69. Kl.: 260–895. Int. Kl.: C 08f 15/32. 22 Anspr. A.-Z.: 491005. Entspr. FrP 1495262. A.-Z.: 219761 entspr. DAS 1264068. SzP 438742, FrP 1372083 u. GBP 1061585.

DOS 1520241. Lineare, amorphe, hochmolekulare, elastomere Copolymere und Verfahren zu ihrer Herstellung. Erf.: *Giulio Natta, Giorgio Mazzanti, Alberto Valvassori, Guido Sartori, Giovanni Crespi.* Anm.: Montecatini Soc. Gen. per l'Industria Mineraria e Chimica, Mailand (It). A. 10. 11. 61, O. 16. 1. 69. Kl.: 39b4, 15/40 (39b4, 37/00). A.-Z.: P 1520241.2 (M 50833). Prior.: 14. 11. 60 (It; A.-Z.: 19538). Entspr. SzP 431992, GBP 957103 u. SvP 302687.

DOS 1520303. Neue Copolymere und Verfahren zu ihrer Herstellung. Erf.: *Giulio Natta, Gino Dall'Asta, Giorgio Mazzanti, Italo Pasquon, Alberto Valvassori* u. *Adolfo Zambelli.* Anm.: Montecatini Soc. Gen. per l'Industria Mineraria e Chimica, Mailand (It). A. 21. 5. 63, O. 16. 1. 69. Kl.: 39b4, 17/00. A.-Z.: P 1520303.9 (M 56905). Prior.: 23. 5. 62 (It; A.-Z.: 10314). Entspr. FrP 1357379 u. GBP 979329.

DOS 1520298. Vulkanisierbare hochmolekulare, im wesentlichen lineare amorphe Copolymere und Verfahren zu ihrer Herstellung. Erf.: *Giulio Natta, Giorgio Mazzanti, Alberko Valvassori, Guido Sariort* u. *Nazareno Cameli.* Anm.: Montecatini Soc. Gen. per l'Industria Mineraria e Chimica, Mailand (It). A. 24. 4. 63, O. 16. 1. 69. Kl.: 39b4, 19/00 (39b4, 41/00). A.-Z.: P 1520298.9 (M 56583). Prior.: 27. 4. 62 (It; A.-Z.: 8364). Entspr. FrP 1362094 u. GBP 1006193.

USP 3429860 Zus. z. Pat. m. A.-Z.: 172806. A. 12. 2. 62; u. Pat. m. A.-Z.: 512195. A. 7. 12. 65. Verfahren zur Herstellung von Amidpolymeren. Erf.: *Jack Hurst.* Inh.: Gulf Oil Corp., Pittsburgh, Pa. A. 11. 4. 67, B. 25. 2. 69. Kl.: 260–86,7. Int. Kl.: C 08f 19/10. C 08g 20/00 u. 41/00. 16 Anspr. A.-Z.: 630138.

DOS 1420219. Verfahren zur Herstellung öllöslicher Mischpolymerisate. Erf.: *Bruno Vollmert* u. *Diether Fischer.* Anm.: Badische Anilin- & Soda-Fabrik AG, 6700 Ludwigshafen. A. 20. 3. 57, O. 14. 11. 68. Kl.: 39b4, 25/00. A.-Z.: P 1420219.

DOS 1420674. Chlorsulfonierte Äthylenpolymerisate und Verfahren zu ihrer Herstellung. Erf.: *William Bryan Reynolds* u. *Peter John Canterino.* Anm.: Phillips Petroleum Co., Bartlesville, Okla. (US). A. 5. 9. 57, O. 12. 12. 68. Kl.: 39b4, 27/00. A.-Z.: P 1420674. Prior.: 10. 9. 56 (US; A.-Z.: 608687).

DOS 1495469. Verfahren zur Herstellung von stark viskosen Lösungen oder Gelen aus Polyacrolein. Erf.: *Karl-Heinz Rink* u. *Erich Bäder.* Anm.: Deutsche Gold- u. Silber-Scheideanstalt vorm. Roessler, 6000 Frankfurt. A. 29. 8. 63, O. 16. 1. 69. Kl.: 39b4, 27/00. A.-Z.: P 1425469.9 (D42357) Entspr. FrP 1404081 u. GBP 1082113.

FrP 1567883. Radiotaktisches Polymeres, Verfahren zu dessen Racemisierung sowie konforme Gegenstände aus diesem Polymeren. Erf.: *G. J. Listner.* Inh.: Johnson & Johnson. A. 8. 8. 67, B. 23. 5. 69. Int. Kl.: C 08f. A.-Z.: 117275. Prior.: 8. 8. 66, 31. 3. 67 u. 26. 7. 67 (US; A.-Z.: 570997, 629056 u. 656110).

JaP 2717/69. Stabilisierung von Polyolefinen. Inh.: Mitsubishi Rayon Co., Ltd. A. 22. 1. 66, B. 4. 2. 69. A.-Z.: 3587/66.

USP 3436386. Reinigung von Polyolefinen. Erf.: *Elwin A. Harris.* Inh.: Hercules Ind. A. 16. 4. 65, B. 1. 4. 69. Kl.: 260–93,7. Int. Kl.: C 08f 27/00 u. 1/88. 15 Anspr. A.-Z.: 448876. Entspr. GBP 1091644.

DOS 1420406 Zus. z. Anm. 1420392. Verfahren zur Herstellung von chlorierten Polyäthylenen. Erf.: *Helmut Klug.* Anm.: Farbwerke Hoechst AG vorm. Meister Lucius & Brüning, 6000 Frankfurt. A. 1. 2. 57, O. 21.11.68. Kl.: 39b4, 27/03. A.-Z.: P 1420406.

DOS 1420541. Verfahren und Vorrichtung zum Vermischen einer verhältnismäßig viskosen Flüssigkeit mit einer vergleichsweise nicht-viskosen Flüssigkeit. Erf.: *Michijiro Akaboshi, Tsugio Kominami, Kikuji Urgami,*

Seigo Fukuda. Anm.: Kurashiki Rayon Co. Ltd., Kurashiki, City (Ja). A. 10. 8. 59, O. 21. 11. 68. Kl.: 39b4, 27/16. A.-Z.: P 1420541.

DOS 1420227. Verfahren zur Herstellung von Polymerisationsprodukten. Erf.: *Karl Schmitt, Ermbrecht Rindtorff* u. *Günther Keller.* Anm.: Hibernia AG, 4690 Herne. A. 26. 4. 58, O. 21. 11. 68. Kl.: 39b4, 27/28. A.-Z.: P 1420227.

DOS 1495179. Verfahren zum thermischen Abbau hochmolekularer Olefinpolymerisate. Erf.: *Karl Wisseroth, Heinrich Mohr, Lothar Reuter*; u. *Richard Scholl.* Anm.: Badische Anilin- & Soda-Fabrik AG 6700 Ludwigshafen. A. 13. 5. 64, O. 2. 1. 69. Kl.: 39b4, 27/28. A.-Z.: P 1495179.2 (B 76738). Entspr. FrP 1436291 u. GBP 1098572.

USP 3425981. Olefinpolymerkompositionen, die Äthylenoxidpolymere mit einer relativen Molekülmasse von 100000 bis 10 Millionen enthalten. Erf.: *Paul P. Puletti* u. *Jack H. Gardner.* Inh.: Union Carbide Corp. A. 12. 2. 65, B. 4. 2. 69. Kl.: 260–41. Int. Kl.: C 08f 29/0 u. C 08g 43/02. 14 Anspr. A.-Z.: 432427. Entspr. FrP 1467513.

JaP 2568/69. Stabilisierung von Polyolefinen gegen Hitze. Inh.: Sankyo Co., Ltd. A. 28. 3. 66, B. 3. 2. 69. A.-Z.: 19065/66.

JaP 7123/69. Polyolefine. Inh.: Toa Spinning Co. A. 23. 7. 65, B. 28. 3. 69.

SUP 242375 (Urheberschein). Verfahren zum Stabilisieren von Polyolefinen. Erf. u. Anm.: *S. S. Chin'kis, M. Z. Borodulina, Petrora T. G., I. S. Berova, E. N. Matveeva, L. A. Skripko, A. S. Taranenko* u. *A. M. Tiščenko.* A. 12. 4. 68, B. 25. 4. 69. Kl.: 39b4, 29/02 u. 39b4, 45/58. A.-Z.: 1210847/23–5.

FrP 1567546. Kompositionen auf Basis von Äthylenpolymeren. Inh.: The Dow Chemical Co. A. 29. 5. 68, B. 16. 5. 69. Int. Kl.: C 08f. A.-Z.: 153220.

USP 3431322. Anfärbbare Polyolefinkompositionen und Produkte daraus. Erf.: *John R. Caldwell* u. *David G. Hedberg jr.* Inh.: Eastman Kodak Co., Rochester, N. Y. A. 20. 7. 62, B. 4. 3. 69. Kl.: 260–873. Int. Kl.: C 08f 29/12, C 08g 17/04 u. D 06p 3/00. 12 Anspr. A.-Z.: 211441. Entspr. FrP 1369020 u. GBP 1054303.

DOS 1469976. Stabilisierungsmischungen für und diese enthaltende synthetische Harze sowie damit hergestellte Fasern. Erf.: *Willis Car Wooten jr.* u. *Joel Morton Grossman.* Anm.: Eastman Kodak Co., Rochester, N. Y. (US). A. 27. 9. 61, O. 16. 1. 69. Kl.: 39b4, 29/14 (39b4, 45/54). A.-Z.: P 1469976.4 (E 21720).

FrP 1566234 (Aj.). Pfropfpolymere und diese enthaltende Kompositionen. Erf.: *J.-M. Michel.* Inh.: Produits Chimiques Pechiney-Saint-Gobain. A. 9. 1. 68, B. 9. 5. 69. Int. Kl.: C 08f. A.-Z.: 135299.

FrP 1566261. Neue thermoplastische Polymerkompositionen auf Basis von Vinylchloridpolymeren. Inh.: Montecatini Edison S. p. A. A. 16. 1. 68, B. 9. 5. 69. Int. Kl.: C 08f. A.-Z.: 136117. Prior.: 17. 1. 67 (It; A.-Z.: 11563 A/67).

SUP 239550 (Urheberschein). Mischung auf der Basis von nichtplastifiziertem Polyvinylchlorid. Erf.: *K. S. Minsker, S. F. Naumova, A. P. Savel'ev, V. B. Erofeev, G. T. Fedoseeva* u. *T. P. Maksimova.* Anm.: Institut fiziko-organičeskoj chimii AN Belorusskoj SSR. A. 4. 11. 67, B. 18. 3. 69. Kl.: 39b4, 29/18. A.-Z.: 1195021/23–5.

USP 3426106. Verfahren zur Herstellung von Polymermischungen, die ein Polyvinylhalogenid enthalten. Erf.: *Jan W. H. Zijp* u. *Wilhelmus J. M. M. Dullens.* Inh.: Stamicarbon N. V. A. 23. 3. 66, B. 4. 2. 69. Kl.: 260–897. Int. Kl.: C 08f 29/24. 7 Anspr. A.-Z.: 536605. Prior.: 24. 3. 65 (Nd; A.-Z.: 6503709). Entspr. FrP 1472541.

USP 3426107 Zus. z. Pat. m. A.-Z.: 187196. A. 13. 4. 62. Ein teilweise hydrolysiertes Äthylen/Vinylacetat-Copolymeres enthaltendes Polypropylen. Erf.: *Jack G. Scruggs* u. *Cilton W. Tate.* Inh.: Monsanto Co., St. Louis, Mo. A. 16. 11. 66, B. 4. 2. 69. Kl.: 260–897. Int. Kl.: C 08f 29/42 u. 29/50. 1 Anspr. A.-Z.: 594701.

DOS 1494155. Antistatische, synthetische Harze, Fäden und Fasern. Erf.: *Shinichi Tomiyama, Hideo Marumo* u. *Makoto Takai.* Anm.: Lion Ynshi Kabushiki Kaisha, Tokio (Ja). A. 6. 3. 62, O. 2. 1. 69. Kl.: 39b4, 43/00. A.-Z.: P 1494155.0 (L 41400). Prior.: 16. 4. 61, 22. 4. 61 u. 28. 11. 61 (Ja: A.-Z.: 13385, 13386, 13388, 14453, 14454 u. 43081). Entspr. GBP 993530.

USP 3431324. Feuerhemmende Mittel für thermoplastische Produkte. Erf.: *Helen Currier Gillham* u. *Allan Ellis Cherr.* Inh.: American Cyanamid Co., Stamford Conn. A. 28. 10. 66, B. 4. 3. 69. Kl.: 260–893. Int. Kl.: C 09k 3/28, C 07c 29/02 u. 29/04. 6 Anspr. A.-Z.: 590230 (ausgesch. aus USP 3309425. A. 30. 7. 63, B. 14. 3. 67. A.-Z.: 298577). A.-Z.: 298577 vgl. auch USP 3309425.

OeP 274353. Verfahren zur Herstellung von neuen gefärbten Harzen. Inh.: L'Oreal, Paris, A. 5. 9. 66, B. 15. 12. 68. Kl.: 39b, 14. A.-Z.: 8379/66. Prior.: 6. 9. 65 (Lu).

lasse 39b5. Polykondensations- und Polyadditionsprodukte

SUP 241013. Verfahren zur Herstellung von Polyarylaten. Erf. u. Anm.: *V. V. Koršak, S. V. Vinogradova, S. N. Salazkin* u. *S. V. Bereza.* A. 13. 7. 63, B. 1. 4. 69. Kl.: 39b5. A.-Z.: 847199/23–4.

USP 3422070. Verfahren zur Herstellung von Polyoxymethylenen. Erf.: *Shinichi Ishida* u. *Hiroshi Ohama* u. *Koichi Matsumoto.* Inh.: Asahi Kasei Kogyo Kabushiki Kaisha, Osaka (Ja). A. 23. 12. 64, B. 14. 1. 69. Kl.: 260–67. Int. Kl.: C 08g 1/02 u. C 08g 1/28. 11 Anspr. A.-Z.: 420791. Prior.: 23. 12. 63, 24. 12. 63 u. 18. 2. 64 (Ja; A.-Z.: 38/68980, 38/69215 u. 39/8334). Entspr. FrP 1427850 u. GBP 1055068.

DOS 1445275. Verfahren zur Herstellung von Copolymeren des Acetaldehyds. Erf.: *Jürgen Smidt* u. *Josef Bedlmeier.* Anm.: Consortium für elektrochemische Industrie GmbH, 8000 München. A. 28. 5. 60, O. 14. 11. 68. Kl.: 39b5, 1/10. A.-Z.: P 1445275.

USP 3422073. Polyoxymethylencopolymere von Trioxan und cycilschem Formal. Erf.: *Gianfranco Pregaglia, Giancarlo Pozzi* u. *Paolo Roffia.* Inh.: Montecatini Edison S. p. A., Mailand (It). A. 4. 4. 66, B. 14. 1. 69, Kl.: 260–67. Int. Kl.: C 08g 1/16. 13 Anspr. A.-Z.: 539653. Prior.: 7. 4. 65 (It;. A.-Z.: 7663/65). Entspr. FrP 1474512 u. GBP 1132275.

USP 3422074. Verfahren zur Herstellung von stickstoffhaltigen Trioxancopolymeren. Erf.: *Shinichi Ishida* u. *Shizuko. Saito.* Inh.: Asahi Kasei Kogyo Kabushiki Kaisha, Osaka (Ja). A. 21. 1. 65, B. 14. 1. 69. Kl.: 260–67,5. Int. Kl.: C 08g 1/18 u. C 08 g 9/24. 17 Anspr. A.-Z.: 427115. Prior.: 23. 1. 64 (Ja; A.-Z.: 39/2907, JaP 16071/67.) Entspr. DAS 1259568. FrP 1421926 u. GBP 1063573.

FrP 1559628. Verbesserung bei der Herstellung von Polyesterfasern, die mit „Antinoppen-Eigenschaften" ausgestattet sind, sowie nach dem verbesserten Verfahren erzeugte Faserprodukte. Erf. u. Inh.: *M. Majnoni.* A. 8. 9. 67, B. 14. 3. 69. Int. Kl.: C 08g 17/00. u. D 01f. A.-Z.: 120410. Prior.: 9. 9. 66 (It; A.-Z.: 20806/66). Entspr. DDP 63848.

GBP 1149148. Verfahren zur Polymerisation von β-Lactonen. Inh.: Shell Internationale Research Maatschappij N. V. A. 11. 10. 67, B. 16. 4. 69. Kl.: C3.R. Int. Kl.: C 08g 17/017. A.-Z.: 46405/67.

JaP 7357/69. Polyester. Inh.: Toyo Rayon Co., Ltd. A. 28. 5. 65, B. 31. 3. 69. A.-Z.: 31111/65.

JaP 6993/69. Lactonverbindungen. Inh.: Nisso Kako Co. Ltd. A. 18. 10. 65, B. 27. 3. 69. Kl.: 23 E. A.-Z.: 63530/65.

JaP 6836/69. Hochpolymerisierte Polyester. Inh.: Nippon Soda Co. Ltd. A. 19. 5. 65, B. 25. 3. 69. Kl.: 26 D. A.-Z.: 29053/65. Entspr. FrP 1480557.

DOS 1495265. Verfahren zur Herstellung linearer thermoplastischer Polyester mit Einfriertemperaturen über 100 °C. Erf.: *Franz Blaschke* u. *Gerhard Schade.* Anm.: Chemische Werke Witten GmbH, 5810 Witten. A. 12. 11. 62, O. 2. 1. 69. Kl.: 39b5, 17/06. A.-Z.: P 1495265.9 (C 28389). Entspr. SzP 433746, FrP 1374029, GBP 1027899 u. USP 3399170.

USP 3425997. Phenoxide als Umesterungskatalysatoren. Erf.: *Otto K. Carlson, Marcus Hook* u. *John A. Price.* Inh.: FMC Corp., Philadelphia, Pa. A. 7. 10. 66, B. 4. 2. 69. Kl.: 260–75. Int. Kl.: C 08g 17/08. 5 Anspr. A.-Z.: 584970.

DOS 1495277. Verfahren zur Herstellung von Urethangruppen enthaltenden Polycarbonaten. Erf.: *Wolfgang Seeliger* u. *Walter Stumpf.* Anm.: Chemische Werke Hüls AG, 4370 Marl. A. 18. 1. 63, O. 2. 1. 69. Kl.: 39b5, 17/13 (39b5, 22/04). A.-Z.: P 1495277.3 (C 28938). Entspr. FrP 1380048 u. GBP 1042534.

SUP 239551 (Urheberschein). Verfahren zur Herstellung von Vorpolymeren für die Synthese von Polycarbonaten. Erf.: *G. S. Kolesnikov, O. V. Smirnova, G. O. Fortunatov.* Anm.: Moskovskij chimiko-technologiceskij institut im. D. I. Mendeleeva. A. 5. 5. 68, B. 18. 3. 69. Kl.: 39b5, 17/13. A.-Z.: 1238575/23–5.

DOS 1495232. Verfahren zur Herstellung phosphorhaltiger Polyester. Erf.: *Horst Leithäuser, Franz Stürzenhofecker* u. *Walter Franke.* Anm.: Chemische Werke Hüls AG, 4370 Marl. A. 23. 5. 62, O. 23. 1. 69. Kl.: 39b5, 17/133. A.-Z.: P 1495232.0 (C 27057). Entspr. FrP 1357952 u. GBP 1039112.

GBP 1150990. Polyamid und seine Herstellung. Inh.: Stamicarbon N. V. A. 19. 6. 67, B. 7. 5. 69. Kl.: C3.R. Int. Kl.: C 08g 20/06. A.-Z.: 28238/67. Prior.: 22. 6. 66 (Nd; A.-Z.: 6608623). Entspr. FrP 1528348.

GBP 1151556. Biscaprolactame und daraus erhaltene Polyamide. Inh.: Stamicarbon N. V. A. 27. 4. 67, B. 7. 5. 69. Kl.: C2.C. Int. Kl.: C 07d 41/06. A.-Z.: 19393/67. Prior.: 5. 5. 66 (Nd; A.-Z.: 6606079). Entspr. FrP 1521938.

GBP 1148508. Verfahren zur Polymerisation von Lactam. Inh.: Imperial Chemical Industries Ltd. A. 26. 7. 65, B. 16. 4. 69. Kl.: C3.R. Int. Kl.: C 08g 20/12. A.-Z.: 31778/65. Entspr. SzP 467298 u. FrP 1487827.

JaP 6839/69. Elastomerpolymere. Inh.: Asahi Chem. Ind. Co. Ltd. A. 6. 4. 65, B. 25. 3. 69.

DOS 1495010. Verfahren zur Herstellung von Polyurethanen. Erf.: *William Edward Erner* u. *Harold A. Green.* Anm.: Air Products and Chemicals Inc., Philadelphia, Pa. (US). A. 23. 5. 62, O. 16. 1. 69. Kl.: 39b5, 22/38 (39b5, 41/00, 53/14, 22h, 1/02, 22i, 2). A.-Z.: P 1495010.8 (A 40279).

DOS 1495209. Verfahren zur Herstellung von Polyäthern. Erf.: *Robert Gehm* u. *Karl Adam.* Anm.: Badische Anilin- & Soda-Fabrik AG, 6700 Ludwigshafen. A. 6. 11. 64, O. 2. 1. 69. Kl.: 39b5, 23/00. A.-Z.: P 1495 209.1 (B 79222). Entspr. FrP 1453034 u. GBP 1125386.

DOS 1469143. Polyesterzusammensetzung. Erf.: *Ryoichi Sakurai, Shigemitsu Tsunawaki, Kiyoshi Nawata* u. *Takei Shima.* Anm.: Teikoku Jinzo Kenshi Kabushiki Kaisha, Osaka (Ja). A. 18. 7. 61, O. 21. 11. 68. Kl.: 39b5, 39/00. A.-Z.: P 1469143. Prior.: 19. 7. 60, 6. 10. 60 u. 8. 11. 60 (Ja; A.-Z.: 31564, 40931 u. 44862). Entspr. GBP 982584 u. USP 3314920.

USP 3426100. Kristalline Blockpolyesterpolycarbonate. Erf.: *Leslie Marvin McDonough.* Inh.: E. I. du Pont de Nemours & Co., Wilmington, Del. A. 3. 11. 64, B. 4. 2. 69. Kl.: 260–860. Int. Kl.: C 08g 30/02. 14 Anspr. A.-Z.: 408665.

SvP 308809. Reaktionsprodukt aus einem wasserlöslichen Polyurethan und einem härtbaren Harz sowie Verfahren zur Herstellung. Erf.: *E. E. Habib.* Inh.: Deering Milliken Research Corp., Spartanburg, S. C. (US). A. 18. 6. 62, B. 24. 2. 69. Kl.: 39c, 6. Int. Kl.: C 08g 41/00. A.-Z.: 6794/62.

USP 4426099. Polyurethanelastomere, die ein Copolymeres eines α,β-ungesättigten Dicarbonsäureanhydrids und ein äthylenisch ungesättigtes Monomeres enthalten. Erf.: *Milton Freifeld, George S. Mills* u. *Richard J. Nelson.* Inh.: GAF Corp. A. 10. 2. 66, B. 4. 2. 69. Kl.: 260–859. Int. Kl.: C 08g 41/00 u. 51/58. 11 Anspr. A.-Z.: 526375.

JaP 6806/69. Phosphorhaltige Polycarbonsäureester. Inh.: Toyo Rayon Co. Ltd. A. 2. 12. 67, B. 25. 3. 69. Kl.: 16B. A.-Z.: 76979/67.

DOS 1469848. Antistatische Ausrüstung von Thermoplasten. Erf.: *Heinz Pohlemann, Helmut Christoph* u. *Alexander Strassen.* Anm.: Badische Anilin- & Soda-Fabrik AG, 6700 Ludwigshafen. A. 2. 11. 62, O. 16. 1. 69. Kl.: 39b8, 1/44. A.-Z.: P 1469848.

DOS 1469839. Stabilisierung chorhaltiger, hochmolekularer Verbindungen durch Organozinnverbindungen. Erf.: *Heinz Pohlemann, Helmut Christoph* u. *Rudolf Polster.* Anm.: Badische Anilin- & Soda-Fabrik AG, 6700 Ludwigshafen. A. 9. 2. 62, O. 16. 1. 69. Kl.: 39b8, 1/58. A.-Z.: P 1469839.

Klasse 42k, 50. Textilprüfung, Verfahren, Vorrichtungen und Maschinen zum Prüfen von Fasern, Fäden, Garnen, Geweben auf ihre mechanischen und Festigkeitseigenschaften, auf Spannungen, mechanische Unregelmäßigkeiten, Drall (Drehung), Porosität

DOS 1473376. Kollektivprüfungsverfahren zum gleichzeitigen Feststellen der physikalischen Eigenschaften, insbesondere der Bruchdehnung von mehreren nebeneinander eingespannten Prüflingen, insbesondere Textilgarnen. Erf. u. Anm.: *Georges P. de Clercq,* Gentbrugge-Gent (Be). A. 2. 2. 62, O. 9. 1. 69. Kl.: 42k, 50. A.-Z.: P 1473376.7 (C 26156). Prior.: 3. 2. 61 (Be; A.-Z.: 599874).

DOS 1473553. Vorrichtung zum Kontrollieren von Abweichungen in der Stärke bzw. Masse von Textilgarnen. Erf.: *Johannes Libbe Leistra.* Anm.: N. V. Philips' Gloeilampenfabrieken, Eindhofen (Nd). A. 20. 3. 65, O. 9. 1. 69. Kl.: 42k, 50. A.-Z.: P 1473553.6 (N 26420). Prior.: 25. 3. 64 (Nd: A.-Z.: 6403165). Entspr. SzP 438789 u. FrP 1428927.

DOS 1473617 Zus. z. Anm. 1276366. Meßverfahren. Erf. u. Anm.: *Heinrich Schumacher,* 7000 Stuttgart-Degerloch. A. 2. 9. 63, O. 2. 1. 69. Kl.: 42k, 50. A.-Z.: P 1473617.5 (Sch 33807).

SUP 239631 (Urheberschein). Vorrichtung zum Messen der Spannung von Fäden. Erf.: *K. N. Kulikov, S. A. Nikitin, V. O. Gorbačeva* u. *G. E. Prozorova*. Anm.: Moskovskij tekstil'nyj institut i vsesojuznyj naučno-issledovatel'skij institut iskusstvennogo volokna. A. 23. 4. 64, B. 18. 3. 69. Kl.: 42k, 50. A.-Z.: 896488/28 – 12.

SUP 241083 (Urheberschein). Vorrichtung zur Bestimmung der Kinetik der Dampf- und Feuchteübertragung durch Textilmaterialien. Erf.: *P. A. Kolesnikov* u. *L. L. Medvedeva*. Anm.: Central'nyj naučno-issledovatel'skij institut švejnoj promyšlennosti. A. 11. 7. 67, B. 1. 4. 69. Kl.: 42k, 50. A.-Z.: 1173506/28 – 12.

SUP 241789 Zus. z. Pat. 149250 (Urheberschein). Kugelverschluß. Erf. u. Anm.: *A. I. Novikov* u. *A. I. Kobljakov*. A. 20. 2. 68, B. 18. 4. 69. Kl.: 42k, 50 u. 49a, 27/01. A.-Z.: 1222568/25 – 27.

SUP 242475 (Urheberschein). Elektromagnetisches Relaxometer für die Spannung in Fäden mit konstanter Einspannlänge. Erf. u. Anm.: *S. P. Chochlov* u. *A. I. Piskorskij*. A. 11. 12. 67, B. 25. 4. 69. Kl.: 42k, 50. A.-Z.: 1202430/28 – 12.

SUP 243242 (Urheberschein). Gerät zum Zählen der Anzahl von Fasern. Erf.: *G. L. Mirov* u. *G. S. Chabi*. Anm.: Central'noe opytno-konstruktorskoe bjuro priborostroenija ministerstva selskogo chozjajstva SSSR/ A. 28. 7. 67, B. 5. 5. 69. Kl.: 42k, 50; u. 76c, 30/10. A.-Z.: 1177451. 28 – 12.

USP 3430480. Vorrichtung zum Prüfen der Gebrauchstüchtigkeit von Geweben. Erf.: *Nestor W. Pandell* u. *Robert W. Knebel*. Inh.: Cluett, Peabody & Co., Inc., Troy, N. Y. A. 27. 7. 67, B. 4. 3. 69. Kl.: 73 – 7. Int. Kl.: G 01n 3/56 u. 19/02. 10 Anspr. A.-Z.: 656550.

USP 3430492. Vorrichtung zur kontinuierlichen Messung der Temperatur am laufenden Faden. Erf.: *Ryoso Matsumoto* u. *Hisao Watanabe*. Inh.: Teijin Ltd., Osaka u. Tokio Seiko Co. Ltd., Tokio (Ja). A. 18. 10. 65. B. 4. 3. 69. Kl.: 73 – 361. Int. Kl.: G 01k 5/52. 8 Anspr. A.-Z.: 496773. Prior.: 25. 12. 64 (Ja; A.-Z.: 39/73251).

Klasse 47k. Allgemein anwendbare Verfahren und Vorrichtungen zum Bewegen, Führen und Speichern, z. B. Wickeln von faden-, draht-, seil-, kabel-, schlauch-, band- oder bahnförmigem Gut (teilweise)

DDP 66765. Vorrichtung zum Steuern von Arbeitsorganen an Textilmaschinen, die der Bearbeitung von durchlaufenden Warenbahnen dienen, insbesondere zur Steuerung von Schneideinrichtungen an Wickelmaschinen. Erf. u. Inh.: *Dieter Georgi* u. *Eberhard Kreher*. A. 27. 6. 67, B. 5. 5. 69. Kl.: 47k, 5/02. A.-Z.: WP 47k/125597.

USP 3430312 Zus. z. Pat. m. A.-Z.: 281861. A. 16. 5. 63 u. USP 3120689. A. 20. 8. 59, B. 11. 2. 64. A.-Z.: 834973. Vorrichtung zum Aufwickeln von Fasserstoffen. Erf. u. Inh.: *Warren Wendell Drummond*, 4173 Timberlane Drive, Allison Park, Pa. 15101. A. 31. 1. 67, B. 4. 3. 69. Kl.: 28 – 1. Int. Kl.: D 02g 3/00. 7 Anspr. A.-Z.: 613393. A.-Z.: 834973 vgl. auch USP 3120689.

Klasse 55b. Verfahren zur Herstellung von Zellstoff, Zellstoffkocher, Wiedergewinnung der Ablauge und Abgase

SvP 307500. Verfahren zur Herstellung von Zellstoffmasse mit hohem Gehalt an α-Cellulose aus Nadel- und/oder Laubholz. Erf.: *B. Hermansson*. Inh.: Byström, S. G., Skoghall. A. 2. 8. 63, B. 7. 1. 69. Kl.: 55b, 1/10. Int. Kl.: D 21c 3/02. A.-Z.: 8541/63. Entspr. SzP 411559.

SvP 309530. Alkalisches Aufschlußverfahren von cellulosehaltigem Material. Inh.: K., Andersson J. G. T. Bergström u. N., Hartler Stockholm. A. 23. 12. 66, B. 24. 3. 69. Kl.: 55b, 1/10. Int. Kl.: D 21c 3/02. A.-Z.: 17654/66.

FrP 1568344 (Aj.). Neues Verfahren zur Herstellung von Chemiezellstoffen. Inh.: Société Industrielle de Cellulose d'Alizay. A. 29. 3. 68, B. 23. 5. 69. Int. Kl.: D 21c. A.-Z.: 146614.

SvP 308061. Verfahren zur Herstellung von Sulfitzellstoffmasse. Erf.: *F. N. G. Gram, G. E. Malm, O. G. Lundqvist, P. M. T. Olsson* u. *H. Kildjer*. Inh.: Svenska Cellulosa AB, Sundsvall. A. 18. 12. 64, B. 27. 1. 69. Kl.: 55b, 1/20. Int. Kl.: D 21c 3/06. A.-Z.: 15374/64. Entspr. SzP 456330.

SvP 310453. Vorrichtung an einem vertikalen Behälter zur Behandlung von vorzugsweise mit Chemikalien imprägnierten Spänen in Dampfphase. Erf.: *K. N. Cederquist*. Inh.: Defibrator AB, Stockholm. A. 5. 8. 65, B. 28. 4. 69. Kl.: 55b, 2/01. Int. Kl.: D 21c 7/00. A.-Z.: 10301/65.

SUP 243397 (Urheberschein). Zweistufenverfahren zur Herstelung von Sulfitzellstoff. Erf.: *M. G., Eliašberg, G. E., Gal'per Ju. N. Efremov* u. *Ja. V. Nikitin*. Anm.: Vsesojuznyj naučno-issledovatel'skij institut celljuloznobumažnoj promyšlennosti. A. 11. 1. 68, B. 5. 5. 69. Kl.: 55b, 3/30. A.-Z.: 1209368/23 – 4.

Klasse 55c. Bleichen, Leimen, Färben, Füllen, Beschweren von Papierstoff und Zellstoff, Holländer, Stoffmühlen, Zellstoffaufschließer (teilweise)

USP 3436302. Verfahren zum Bleichen von Holzstoff mit Säure. Erf.: *Herman R. Goodwald* u. *Dale L. Schechter*. Inh.: The Dow Chemical Co., Midland, Mich. A. 2. 9. 65, B. 1. 4. 69. Kl.: 162 – 71. Int. Kl.: D 21c 9/14. Anspr. A.-Z.: 484726.

Literaturschau

Auszug aus Lieferung 21 und 22/1969 der Referatekartei „Faserstoffe und Textiltechnik", zusammengestellt von der Abteilung Wissenschaftliches Berichtswesen des Instituts für Faserstoff-Forschung der DAW, Teltow-Seehof, Kantstr. 55

I. Wissenschaftliche Grundlagen

Allgemeines

(Untersuchungsmethoden u. a.)

Buck, M., Kerk, K.: Vergleichsmessungen der Schmelzviskosität an vier verschiedenen Viskosimetern von zum Teil sehr unterschiedlicher Bauart. Rheologica Acta, Darmstadt **8** (1969) 3, S. 372 – 381.

Ramaszeder, K.: Rheologische Grundlagen der Viskositätsmessung von Schlichtemitteln und Druckverdickern mit Stärkebasis. Spinner, Weber, Textilveredlung **87** (1969) 10, S. 954 – 959.

Abidor, I. G., Šimšelevič, Ju. B.: Differentialgravimetrische Methode zur Messung der Reaktionskinetik. Zavodsk. Labor. Moskva (Betriebslabor) **35** (1969) 9, S. 1093 – 1094.

Fulford, G. D., Pei, David C. T.: Eine vereinheitlichte Näherung zur Untersuchung von Übertragungsprozessen. Die starke Ähnlichkeit zwischen Masse-, Moment- und Energieübertragungsprozessen macht eine allgemeine Behandlung aller drei zu einem bedeutenden Werkzeug sowohl in der Lehre als auch beim Lösen von Problemen. IEC. Ind. engng. Chem. **61** (1969) 5, S. 47 – 69.

Physik und Chemie der Hochpolymeren

Vinogradov, G. V., Janovskij, Ju. G., Isaev, A. I., Kargin, V. A.: Einfluß von Vibrationen auf das viskoelastische Verhalten von amorphen Polymeren. Dokl. Akad. Nauk SSSR (Ber. Akad. Wiss. UdSSR) **187** (1969) 5, S. 1075 – 1078.

Attanasio, A., Bernini, U., Segré, G.: Viskoelastisches Verhalten von verdünnten Fasersuspensionen. J. colloid interface Sci. **29** (1969) 1, S. 81 bis 90.

Giesekus, H.: Verschiedene Phänomene in Strömungen viskoelastischer Flüssigkeiten durch Düsen. Rheologica Acta, Darmstadt **8** (1969) 3, S. 411 – 421.

Gomes de Castro, A., Bourgoin, D., Joly, M.: Viskosimetrische Untersuchungen über die Sol/Gel-Umwandlung von Polymeren des Acrylnitrils und der Acrylsäure. Rheologica Acta, Darmstadt **8** (1969) 3, S. 295 – 303 (franz.).

Schutz, R. A.: Neuere Entwicklungen in der Rheologie von konzentrierten makromolekularen Lösungen. Rheologica Acta, Darmstadt **8** (1969) 3, S. 349 – 355 (franz.).

Berlin, Al. Al., Sajadjan, A. A., Enikolopjan, N. S.: Verteilungen der relativen Molekülmassen von Polymeren und der Reaktionsfähigkeit von Makromolekülen in konzentrierten und verdünnten Lösungen. Vysokomol. Soed. (Hochmol. Verbind.) Serie A **11** (1969) 9, S. 1893 – 1899.

Bereza, S. V., Bekturov, E. A., Rafikov, S. R.: Untersuchung verdünnter Lösungen von Methylmethacrylat/n-Cetylmethacrylat-Copolymeren in Gemischen von selektiven Lösungsmitteln. Vysokomol. Soed. (Hochmol. Verbind.) Serie A **11** (1969) 8, S. 1681 – 1688.

Danon, J.: Untersuchung des Verhaltens von Styrol/Maleinsäureanhydrid-Copolymerisaten in Lösung durch Lichtstreuung, Osmometrie und Viskosimetrie. European Polymer J. **5** (1969) 4, S. 521 – 539 (franz.).

Nagai, K.: Spannungsoptische Koeffizienten von Polyäthylennetzwerken. J. chem. Physics **49** (1968) 9, S. 4212 – 4215.

Brodskaja, E. I., Krjažev, Ju. G., Čerkašin, M. I., Šibanova, E. F.: IR-Spektren der Copolymerisationsprodukte aus Phenylen- und Azophenylenradikalen mit Vinyl- und Acetylenmonomeren. Vysokomol. Soed. (Hochmol. Verbind.) Serie A **11** (1969) 8, S. 1699 – 1703.

Razikov, K. Ch., Tjagaj, E̊. D., Sadovnikova, V. I., Usmanov, Ch. U.: Struktur der Ultradünnschnitte von Baumwollfasern unterschiedlicher Reife. Vysokomol. Soed. (Hochmol. Verbind.) Serie A **11** (1969) 8, S. 1717 bis 1721.

Norisuye, T., Kawahara, K., Teramoto, A., Fujita, H.: Effekt des ausgeschlossenen Volumens in Polymerlösungen. I. Gleichgewichtseigenschaften. J. chem. Physics **49** (1968) 10, S. 4330 – 4338.

Little, R. C.: Strömungseigenschaften von Polyäthylenoxidlösungen. IEC. Ind. engng. Chem./Fundamentals **8** (1969) 3, S. 557 – 559.

Bauwens-Crowet, C., Bauwens, J. C., Homés, G.: Zugverhalten an der Fließgrenze bei glasartigen Polymeren. J. Polymer Sci., A – 2: Polymer Physics **7** (1969) 4, S. 735 – 742.

Chong Wha Pyun: Kugel-Feder-Modell für die dynamischen Eigenschaften von kurzkettigen Polymermolekülen in Lösungen. J. chem. Physics **49** (1968) 6, S. 2875 – 2876.

Trapeznikov, A. A., Korotina, T. I.: Hochelastische Deformationen, Schubspannungen und Thixotropie von Polymerschmelzen. Niedermolekulares Polyisobutylen. Dokl. Akad. Nauk SSSR (Ber. Akad. Wiss. UdSSR) **187** (1969) 5, S. 1103 – 1106.

Melaerts, W.: Anwendung der Gaschromatographie zur Analyse von Polyurethanen. Ann. sci. textiles belges (1969) 2, S. 16 – 35.

Chabert, B.: Thermoanalytische Untersuchung der Polykondensation von Harnstoff/Formaldehyd-Harzen. Bull. Inst. Textile France **23** (1969) 142, S. 385 – 394.

Pastine, J. D.: P, v, T-Zustandsgleichung für Polyäthylen. J. chem. Physics **49** (1968) 7, S. 3012 – 3022.

van der Ven, S., de Wit, W. F.: Thermischer Abbau von Polyvinylchlorid. Beschleunigende Wirkung von Chlorwasserstoff. Angew. makromol. Chemie, Basel **8** (1969) S. 143 – 152 (engl.).

Edel, G., Etienne, H.: Thermischer Abbau von Polyamid 6,6. I. Abbau in Gegenwart von Stickstoff bei Temperaturen unterhalb 300 °C. Bull. Inst. Textile France **23** (1969) 142, S. 343 – 365.

Tsuchiya, Y., Sumi, K.: Thermische Abbauprodukte von Polyisobutylen. J. Polymer Sci., A – 1: Polymer Chem. **7** (1969) 3, S. 813 – 826.

Vittimberga, B. M., Herz, M. L., Winslow, E. C.: Wärmebeständigkeit von Polyestern aus Poly-(4-vinylphthalsäure). J. Polymer Sci., A – 1: Polymer Chem. **7** (1969) 2, S. 779 – 780.

Retting, W.: Zur Abhängigkeit der mechanischen Eigenschaften von Thermoplasten von ihrer thermischen Vorgeschichte. Angew. makromol. Chemie, Basel **8** (1969) S. 87–98.

Wündrich, K.: Strahleninduzierte Zersetzung von Additiven in Polymethylmethacrylat. Naturwiss. **56** (1969) 9, S. 461–462.

Wündrich, K.: Die Wirkung aromatischer Additive auf den strahleninduzierten Abbau von Polymethylmethacrylat. II. Einfluß der Verteilung. Angew. makromol. Chemie, Basel **8** (1969) S. 167–184.

Potnis, S. P., Shetty, S. M.: Einwirkung von γ-Strahlung auf synthetische Faserstoffe. III. Elektrische Eigenschaften und elektronenmikroskopische Untersuchungen. Angew. makromol. Chemie, Basel **8** (1969) S. 117–132.

Matsuda, H., Yamano, K., Inagaki, H.: Styrol/Methylacrylat-Copolymere und Acrylat-Homopolymere in Lösung. J. Polymer Sci., A–2: Polymer Physics **7** (1969) 4, S. 609–633.

Petropavlovskij, G. A.: Reaktionen der Cellulose mit polyfunktionellen Verbindungen. Ž. prikl. Chimii (Z. angew. Chemie) **42** (1969) 9, S. 2072 bis 2090.

Minsker, K. S., Fedoseeva, G. T., Zavarova, T. B.: Über die Stabilisierung von Polyvinylchlorid mit Derivaten von Zinndialkyl bzw. Zinnmonoalkyl. Vysokomol. Soed. (Hochmol. Verbind.) Serie B: Kratkie Soobšč. (Kurzmitt.) **11** (1969) 8, S. 603–605.

Howell, P. A.: Sorptionsuntersuchungen an Polypyrrolidon, Polyamid 4. J. physic. Chem. **73** (1969) 7, S. 2294–2298.

Takahashi, A., Takahashi, S.: Untersuchungen an Acetylcellulose, Sulfaminsäure, Ammoniumsulfamat und Hydroxylaminsulfat als Katalysatoren für die Acetylierung. Kobunshi Kagaku, Tokyo (Chem. High Polymers) **26** (1969) 291, S. 485–490. (jap.; engl. Zusammenfass.).

Feldman, D., Uglea, C., Simionescu, N.: Beiträge zur Fraktionierung von Copolymeren. II. Ternäre Copolymere aus Acrylnitril, Vinylacetat und α-Methylstyrol. J. Polymer Sci., A–1: Polymer Chem. **7** (1969) 2, S. 439–448. (franz.).

Runge, J.: Verfärbungsvorgänge am Polyacrylnitril und ihre Inhibierung. Mitteilungsbl. Chem. Ges. DDR **16** (1969) 9, S. 194–195.

Karpuškina, A. A., Tichonov, Ju. N.: Verseifungskinetik von Polyvinylcinnamat. Ž. fizič. Chimii (Z. physik. Chemie) **43** (1969) 9, S. 2263–2264.

Physik und Chemie der Monomeren und Oligomeren

Susi, H., Ard, J. S.: Hydrophobe Wechselwirkung und Wasserstoffbrückenbindungen von ε-Caprolactam in wäßriger Lösung. J. physic. Chem. **73** (1969) 7, S. 2440–2441.

Tagiev, B. A., Mel'nikova, E. P.: Vanšejdt, A. A.: Hydrolyse von p-Sulfobenzoesäuredichlorid und seine Umsetzung mit verschiedenen Aminen. Izv. Akad. Nauk SSSR, Serija chim. (Nachr. Akad. Wiss. UdSSR, Chemie) (1969) 8, S. 1669–1675.

Peebles, L. H., jr., Huffman, M. W., Ablett, C. T.: Abtrennung und Identifizierung von linearen und cyclischen Oligomeren des Polyäthylenterephthalats und der Bildungsmechanismus von cyclischen Oligomeren. J. Polymer. Sci., A–1: Polymer Chem. **7** (1969) 2, S. 479–496.

Comyn, J., Ivin, K. J.: Die Absorptionsspektren von lebenden Oligomeren des α-Methylstyrols. European Polymer J. **5** (1969) 4, S. 587–595.

Polymerisation

Platzer, N.: Fortschritt in der Polymerentechnik. IEC. Ind. engng. Chem. **61** (1969) 5, S. 10–30.

Price, Ch. C., Brecker, L. R.: Copolymerisation einiger Epoxide durch Koordinationskatalysatoren. J. Polymer Sci., A–1: Polymer Chem. **7** (1969) 2, S. 575–582.

Price, Ch. C., Atarashi, Y., Ryuzo, Y.: Polymerisation und Copolymerisation einiger Epoxide durch Kalium-tert-Butoxid in DMSO. J. Polymer Sci. A–1: Polymer Chem. **7** (1969) 2, S. 569–574.

Juržенko, A. I., Vil'šanskaja, N. Ja., Vil'šanskij, V. A., Lozanova, E. V.: Untersuchung der Tieftemperatur-Emulsionspolymerisation in Gegenwart von nichtionogen (oxyäthylierten) Tensiden. Dokl. Akad. Nauk SSSR (Ber. Akad. Wiss. UdSSR) **188** (1967) 3, S. 609–611.

Ito, K.: Diffusionsgesteuerte Geschwindigkeitskonstante für die Abbruchreaktion bei der Radikalpolymerisation. J. Polymer Sci., A–1: Polymer Chem. **7** (1969) 3, S. 827–831.

Wisseroth, K.: Grundlagen und Verfahrenstechnik der Gasphasen-Polymerisation. Angew. makromol. Chemie, Basel **8** (1969) S. 41–60.

Davtjan, S. P., Rozenberg, B. A., Enikolopjan, N. S.: Herstellungskinetik von Copolymeren unter gegenseitiger Austauschwirkung der Homopolymeren. Vysokomol. Soed. (Hochmol. Verbind.) Serie A **11** (1969) 9, S. 2051–2061.

Chidojatov, A. A., Rogovin, Z. A.: Neues Verfahren zur Synthese von Chloracetaten und Aminoacetaten der Cellulose. Vysokomol. Soed. (Hochmol. Verbind.) Serie A **11** (1969) 8, S. 1863–1866.

Trischler, F. D., Hollander, J: Thermisch stabile Polyester. J. Polymer Sci., A–1: Polymer Chem. **7** (1969) 3, S. 971–975.

Ezrielev, A. I., Brochina, Ė. L., Roskin, E. S.: Analytische Methode zur Berechnung von Copolymerisationskonstanten. Vysokomol. Soed. (Hochmol. Verbind.) Serie A **11** (1969) 8, S. 1670–1680.

Sanui, K., Ogata, N.: Polykondensation von β-Aminosäurederivaten bei Zimmertemperatur. V. Synthese von hydrophilen Polyamiden durch Polykondensation von β-Aminosäurederivaten. J. Polymer Sci., A–1: Polymer Chem. **7** (1969) 3, S. 889–898.

Ateya, K.: Polyesteramide aus Oligoaminsäuren und Oligohydroxycarbonsäuren. Kolor. Ertesitö, Budapest (Kolor. Rdsch.) **11** (1969) 7/8, S. 151 bis 155 (dt.).

Watt, W. R.: Reaktion von Äthylaluminiumchlorid mit Elektronen/Donor-Verbindungen bei dreikomponentigen Katalysatoren für die Polymerisation von Olefinen. J. Polymer Sci., A–1: Polymer Chem. **7** (1969) 2, S. 787–791.

Haas, H. C., MacDonald, R. L., Chiklis, Ch. K.: α-Trifluormethylvinylacetat. II. J. Polymer Sci., A–1: Polymer Chem. **7** (1969) 2, S. 633–641.

Terterjan, R. A.: Copolymerisation von Äthylen mit dem Diäthyl- bzw. Diphenylester der Vinylphosphinsäure. Vysokomol. Soed. (Hochmol. Verbind.) Serie A **11** (1969) 8, S. 1798–1804.

Finch, J. N., Clark, A.: Der Einfluß des Wassergehaltes des Si/Al-Katalysators bei der Isomerisation und Polymerisation von 1-Buten. J. physic. Chem. **73** (1969) 7, S. 2234–2238.

Inaki, Y., Nozakura, Shun-ichi, Murahashi, S.: Polymerisation von Olefinen mit nichtendständiger Doppelbindung. XIII. Reaktionsfähigkeit von cis- bzw. trans-Methylpropenyläther und 2,3-Dihydropyran bei der Radikalcopolymerisation. XIV. Radikalische Terpolymerisation von cis-Methylpropenyläther, trans-Methylpropenyläther und Acrylnitril. Kobunshi Kagaku, Tokyo (Chem. High Polymers) **26** (1969) 291, S. 471 bis 478; 479–484 (jap.; engl. Zusammenfass.).

Mørk, P. C., Ugelstad, J.: Einfluß von Sauerstoff auf die Emulsionspolymerisation von Vinylchlorid. II. Initiierungseffekt für die Kette von Polyvinylchloridperoxiden in Gegenwart von Basen. European Polymer. J. **5** (1969) 4, S. 483–492.

Aso, Ch., Tagami, S., Kunitake, T.: Polymerisation von aromatischen Aldehyden. II. Kationische Cyclopolymerisation von Pthalaldehyd. J. Polymer Sci., A–1: Polymer Chem. **7** (1969) 2, S. 497–511.

Kitahama, Y., Ohama, H., Kobayashi, H.: Polymerisation von 3,4-Dihydro-2H-carboxylaldehyd (Acrolein-Dimeres). Teil II. Copolymerisation mit Isocyanaten. J. Polymer Sci., A–1: Polymer Chem. **7** (1969) 3, S. 935 bis 944.

Kobayashi, K., Sumitomo, H.: Polymerisation von β-Cyanpropionaldehyd. III. Polymerisation durch Organoaluminium- und Organoaluminium/Titanchlorid-Komplexe. J. Polymer Sci., A–1: Polymer Chem. **7** (1969) 3, S. 925–934.

Ismail, R. M.: Über die Herstellung von halogenhaltigen Polyarylestern. Angew. makromol. Chemie, Basel **8** (1969) S. 99–116.

Nikolaev, A. F., Gal'perin, V. M., Pirožnaja, L. N.: Zum Einfluß der Struktur von Komplexen der Methacrylsäure mit Aminen auf die Reaktionsfähigkeit der ersteren bei der Polymerisation und Copolymerisation. Vysokomol. Soed. (Hochmol. Verbind.) Serie B: Kratkie Soobšč. (Kurzmitt.) **11** (1969) 8, S. 625–629.

Tahan, N., Yom-Tov, B., Zilkha, A.: Anionische Pfropfpolymerisation von Acrylnitril auf Stärke und Dextrin. European Polymer J. **5** (1969) 4, S. 499–514.

Simionescu, C., Asandei, N., Benedek, I., Ungurenasu, C.: Copolymerisation des binären Systems Acrylnitril/Methylmethacrylat mittels löslichen Ziegler/Natta-Katalysatoren aus dem Komplex: Biscyclopentadienyldichlorid/Titan/Triäthylaluminium. European Polymer J. **5** (1969) 4, S. 449–462 (franz.).

Lin, Ch. Ch., Patet, F., Staude, E.: Die Redoxreaktion Wasserstoffperoxid/Rongalit und ihre katalytische Wirkung auf die Polymerisation von Acrylnitril. Angew. makromol. Chemie, Basel **8** (1969) S. 28–40.

Mjagčenkov, V. A., Kurenkov, V. F., Kuznecov, E. V., Frenkel', S. Ja.: Copolymerisation von Acrylamid mit Citraconsäure. Vysokomol. Soed. (Hochmol. Verbind.) Serie A **11** (1969) 8, S. 1789–1792.

Fanta, G. F., Babcock, G. E., Burr, R. C.: Copolymere aus Stärke und Polyacrylnitril. Die lösliche Fraktion. J. Polymer Sci., A–1: Polymer Chem. **7** (1969) 3, S. 980–982.

Sonderfragen

Gasowski, W., Krzywański, J.: Anwendungsbereich und Brauchbarkeit der Gall/Riedel-Formel für die Bezeichnung der Farbtiefe bei Textilien. Przegl. włókienn. (Textil-Rdsch.) **87** (1969) 7/8, S. 382–385.

Berlin, A. A., Zeleneckij, A. N.: Ein neues „Küpen"polymeres Polythioindigo. Izv. Akad. Nauk SSSR, Serija chim. (Nachr. Akad. Wiss. UdSSR, Chemie) (1969) 8, S. 1864.

II. Faserstoffe. Ausgangsstoffe. usw.

Naturfaserstoffe

Pflanzliche Faserstoffe

Siegl, R.: Baumwollproduktion in den USA im Widerstreit zwischen Produktivität und Qualität. Z. ges. Textilind. **71** (1969) 10, S. 665–675.

Tierische Faserstoffe

Patil, B. D., Jones, D. I. H., Hughes, Roy: Kennwerte der Wolle als Indikator für die Futtermittelbestandteile von Gräsern. Nature, London **223** (1969) 5210, S. 1072–1073.

Chemiefaserstoffe

Herlinger, H.: Entwicklungslinien in der Faserforschung. Textil-Praxis **24** (1969) 9, S. 557–560.

Cellulose und Zellstoff

Hansson, J.-Å., Hartler, N.: Sorption von Hemicellulosen durch Cellulosefasern. Teil 1. Sorption von Xylanen. Svensk Papperstidn. **72** (1969) 17, S. 521–530.

Kinzner, K.: Erfahrungen mit Polysulfidaufschluß. Zellstoff u. Papier **18** (1969) 9, S. 271–276.

Stopka, F.: Bleichen von Laubholzsulfatzellstoff im Zellstoffwerk der Firma D'Aquitaine. Papir a Celulóza, Praha **24** (1969) 8, S. 223, 226–230.

Chutorščikov, I. S.: Sulfitaufschluß von Lärchenholz. Bumaž. Prom. (Papier-Ind.) (1969) 10, S. 3–5.

Poller, S.: Über den Kernanteil von Kiefernfaserholz verschiedener Durchmesserstufen. Zellstoff u. Papier **18** (1969) 8, S. 230–234.

Hartler, H., Norrström, H.: Lichtabsorptionseigenschaften von Zellstoff und Zellstoffkomponenten. III. Kraftzellstoff. Tappi, New York **52** (1969) 9, S. 1712–1715.

Andersson, B., Wåhlén, S.: Harzkontrolle und Papierfabrik. Svensk Papperstidn. **72** (1969) 17, S. 537–543.

Regeneratfaserstoffe

Entsalzung: Zwei Firmen produzieren Hohlfasern. Chem. engng. News **47** (1969) 34, S. 6–7.

Synthetische Faserstoffe

Schmidt, H.: Trotz Polyesterfaser-Booms US-Schwemme für p-Xylol. Chem. Ind., Düsseldorf **21** (1969) 8, S. 536–538.

Matovich, M. A., Pearson, J. R. A.: Schmelzspinnen eines Fadens, Isothermes viskoses Fließen im Dauerzustand. IEC. Ind. engng. Chem./Fundamentals **8** (1969) 3, S. 512–520.

Elias, H.-G.: Modifizierte Synthesefasern mit verbesserter Färbbarkeit: Synthese und Struktur. Textilveredlung, Weinfelden/Schweiz **4** (1969) 9, S. 663–670.

Danilov, E. P., Kurilenko, A. I., Temnikovskij, V. A., Nikulins, I. G., Karpov, V. L.: Herstellung und Eigenschaften kombinierter Materialien. Vysokomol Soed. (Hochmol. Verbind.) Serie A **11** (1969) 8, S. 1747–1753.

Moncrieff, R. W.: Polyamid-6-Semicarbazid-Derivate. Textile Manuf. **95** (1969) 1134, S. 248–249.

Moorwessel, D., Pilz, G.: Ein neues Polypropylen für den Grobtextilsektor. Teil 2. Spleißfasern. Kunststoffe **59** (1969) 9, S. 539–544.

Künstliche mineralische Faserstoffe

Die Kohlenstoffaser Hyfil. Spinner, Weber, Textilveredlung **87** (1969) 10, S. 962.

Kurkin, V. P., Bessonov, M. N.: Einige Besonderheiten der thermomechanischen Eigenschaften von Glasfasergeweben. Ž. prikl. Chimii (Z. angew. Chemie) **42** (1969) 8, S. 1918–1920.

Ausgangsstoffe. Schaumstoffe. Kautschuk

Lindemann, R. F.: Feuerhemmende Mittel für Polystyrol, Geeignete Zusätze können einen gewöhnlich brennbaren Kunststoff nichtentflammbar machen. IEC. Ind. engng. Chem. **61** (1969) 5, S. 70–75.

Egginger, R.: Die Herstellung von PVC-Plastisolen für Folien zum Kaschieren von Textilsubstraten. Melliand Textilber. **50** (1969) 9, S. 1115 bis 1120.

Reichherzer, R.: Fasermaterialien für die Verstärkung von Kunststoffen. Kunststoff-Rdsch. **16** (1969) 9, S. 519–527.

Hamich, W.: Gütesicherung von Glasfaser-Polyesterplatten. Kunststoff-Rdsch. **16** (1969) 9, S. 527–530.

„TRX" ein Polymethylpenten. GIT. Fachz., Laboratorium **13** (1969) 9, S. 928.

III. Fäden-Herstellungstechnologien

Spinnerei. Zwirnerei

Spinnereivorbereitung

Vroomen, F.: Verteilung der Ereignisse für einen Poisson-Prozeß in Faserbüscheln (Anwendung der Theorie des Verziehens unter Beteiligung von Faserbüscheln. Ann. sci. textiles belges (1969) 2, S. 55–59.

Jackowski, Z., Kowalski, J.: Einfluß der Arbeitsweise der Deckel auf die Qualität der Kardierung. Przegl. włókienn. (Textil-Rdsch.) **87** (1969) 7/8, S. 353–361.

Stutz, H.: Moderne Regulierstrecken in der Baumwollspinnerei. Melliand Textilber. **50** (1969) 10, S. 1144–1150.

Simon, L., Sarembe, K.-H.: Die Verzugssteuerung – ein wichtiger Bestandteil bei der Automatisierung der Baumwollspinnerei. Dt. Textiltechnik **19** (1969) 11, S. 681–687.

Sluchocka, Z.: Zirkulationdgräben als neue Art der Rösteabwasserreinigung. Przegl. włókienn. (Textil-Rdsch.) **87** (1969) 7/8, S. 387–390.

Spinnerei

Rodehacke, K.: Der Standspinner in der Praxis. Spinner, Weber, Textilveredlung **87** (1969) 9, S. 813–822.

Kocsis, J., Schmalz, J.: Über die Rolle des Reglerabschnittes in der Regelung von Kammzügen in der Wollindustrie. II. Teil. Magyar Textiltechn. **21** (1969) 9, S. 463–465.

Schmalz, J., Kocsis, J.: Drehröhrchen-Streckwerk oder Zweiriemchen-Streckwerk in der Streichgarnspinnerei. Textil-Praxis **24** (1969) 9, S. 569 bis 570.

Dornig, W.: Zwei Flyer für die Dreizylinder- und Langstapel-Spinnerei mit hohen Spindeltouren. Textil-Praxis **24** (1969) 9, S. 564–568.

Lohrke, J. L.: Spinnkabelverarbeitung anpassungsfähiger. Mod. Textiles Mag. **50** (1969) 8, S. 22, 23, 46–48.

Schüren, A.: Der Konverter zur Verarbeitung von Chemiefaserkabeln. Z. ges. Textilind. **71** (1969) 10, S. 692–698.

Dohrn, W., Oestmann, K.: Verarbeitung von Wolpryla-65-Konverterkabel. Dt. Textiltechnik **19** (1969) 11, S. 687–690.

Zwirnerei

Liute, D.: Regelnomogramm zur Kontrolle des Windungskörpers an Zwirnmaschinen. Ind. textilă, Bucureşti **20** (1969) 9, S. 652–655.

Schwab, R.: Technische Entwicklung und wirtschaftliche Erfolgsaussichten beim Zwirnen. Melliand Textilber. **50** (1969) 9, S. 1024–1033.

Erzeugnisse der Spinnerei und Zwirnerei

Streichgarn-Flammeneffekte im Spinnprozeß „System Braschler". Melliand Textilber. **50** (1969) 9, S. 1033–1036.

Crabtree-Yarnalyser. Internat. Textil-Bull., Zürich. Weltausgabe: Weberei (1969) 2, S. 85.

Texturfäden

Lünenschloß, J. W., Helli, J. G.: Die Texturierung von Chemiefäden im Luftstrom. Teil 2. Textil-Praxis **24** (1969) 9, S. 579–583.

Fa. Carn Brea: der Welt größter Produzent von „Helanca"-Falschdraht-Texturseiden. Hosiery Times **42** (1969) 482, S. 51, 53, 54–56.

Procházka, O.: Neue Methode des kontinuierlichen Texturierens von Mischgarnen, die mit Beimischung der Schrumpffasern hergestellt wurden. Textil, Praha **24** (1969) 9, S. 296–301.

Texturierte Garne, Gewebe und Maschenwaren – ihre Herstellung, Verarbeitung und Ausrüstung. Internat. Textil-Bull., Zürich, Weltausgabe: Weberei (1969) 2, S. 67–68, 73–74, 79–80.

Susan, R.: Neue Technologie zur Herstellung von Hochbauschgarnen für Strickwaren. Ind. textila, Bucureşti **20** (1969) 9, S. 647–651.

Kern/Mantel-Fäden

Episina, E. B.: Herstellung von Kernspinnfäden nach dem Kammgarn-Spinnverfahren. Tekstil. Prom., Moskva (Textil-Ind.) **29** (1969) 7, S. 49 bis 51.

IV. Flächengebilde-Herstellungstechnologien

Santore, N. T.: Techniken in Stoffbahn-Kontrollvorrichtungen für die Bearbeitung von gewirkten und gestrickten Stoffen. Hosiery Trade J. **76** (1969) 907, S. 126–127.

Größter Bobinetproduzent mit Interessen für die Kettenwirkerei. Hosiery Trade J. **76** (1969) 908, S. 65–66.

Materialvorbereitung

Walter, H.: Gleichmäßige Schlichteffekte mit dem automatischen Trockenspeise-Aggregat. Spinner, Weber, Textilveredlung **87** (1969) 9, S. 824 bis 829.

Corty, E.: Zur Technologie der heutigen Schmälzmittel und Präparationen. Z. ges. Textilind. **71** (1969) 9, S. 581–587.

Weberei

Weberei-Technologie

Kirchenberger, H.: Systeme und Maschinen zum nichtkonventionellen Schußeintrag. Melliand Textilber. **50** (1969) 9, S. 1045–1056.

Święch, F.: Die Effektivität der neuen Methode der Webstuhlregelung. Przegl. włókienn. (Textil-Rdsch.) **87** (1969) 7/8, S. 361–365.

Leye, H.: Webschützen aus Plast. Dt. Textiltechnik **19** (1969) 11, S. 694 bis 698.

Reese, M. R.: Webstuhlüberwachung – ein Hilfsmittel für die Kontrolle im Websaal. Textile World **119** (1969) 7, S. 79.

Erzeugnisse der Weberei

Heydeck, W., Henning, H.-J.: Messung der Infrarotremission von Wolltuch. Z. ges. Textilind. **71** (1969) 9, S. 590–596.

Wieczorek, A.: Mantelgewebe in der Herbst/Winter-Saison. Przegl. włókienn. (Textil-Rdsch.) **87** (1969) 7/8, S. 373–376.

Brandes, J.: Verwendung von Wolle in getufteten Teppichen. Melliand Textilber. **50** (1969) 9, S. 1037–1045.

Wirkerei und Strickerei. Konfektionstechnik. Sonstige Technologien

Darlington, K. D.: Prinzipien der Musterung kettengewirkter Kleiderstoffe. Teil 11. Hosiery Trade. J. **76** (1969) 906, S. 145–149.

Strümpfe und Strumpfhosen mit Stretch aus glattem Faden auf vielsystemigen Rundstrickmaschinen. Hosiery Times **42** (1969) 482, S. 21, 113.

Die niederländische Teppichindustrie. Textilveredlung, Weinfelden/Schweiz **4** (1969) 9, S. 715–716.

Wirkerei- und Strickerei-Technologie

Doughty, J. C.: Strickerei: Eine Vorschau auf die 70er Jahre. Hosiery Times **4** (1969) 482, S. 61, 64, 65, 66, 70.

Barth, J.: Druckkraft zwischen Schloßkurve und Werkzeugen unter statischen und stationären Verhältnissen. Dt. Textiltechnik **19** (1969) 10, S. 639–647.

Das Nähen synthetischer Jerseystoffe für Herrenkleidung. Hosiery Trade J. **76** (1969) 908, S. 90, 93.

Bauder, R.: Schlingen- und Flor-Waren sowie Pelzimitationen von Wirkmaschinen. Z. ges. Textilind. **71** (1969) 10, S. 699–704.

Erzeugnisse der Wirkerei und Strickerei

Offermann, P., Hänsel, E., Heynitz, P.-Ch.: Untersuchungen zum Ziehen und Ausschneiden von Raschelschmalspitze. Dt. Textiltechnik **19** (1969) 10, S. 630–638; 11, S. 699–707.

FAK: Der Fiber Analysis Knitter von Lawsan. Hosiery Times **42** (1969) 483, S. 50–52, 54.

Konfektion

Steckel, H.: Vorschläge zur Erhöhung der Wirtschaftlichkeit in Klein- und Mittelbetrieben der Bekleidungsindustrie. Bekleid. u. Wäsche **21** (1969) 17, S. 1360, 1362, 1364, 1366, 1368, 1370, 1372, 1374, 1376; 18, S. 1444–1446, 1448, 1450–1451.

Steukart, H.: Betriebs- und Leistungsvergleich in der Herren-Oberbekleidungsindustrie. Bekleid. u. Wäsche **21** (1969) 20, S. 1595–1603.

Textilverbundstoffe

Faserverbundstoffe, Vliesstoffe

Antonov, A. N., Michajlova, L. P.: Untersuchung auf dem Gebiet der Herstellung von selbstverfestigenden und selbstbindenden Materialien (SAM). Ž. prikl. Chimii (Z. angew. Chemie) **42** (1969) 8, S. 1899–1903.

V. Textilveredlung

Müller, I., Scheller, M.: Zur Problematik der Entfernung von Fett- und ölartigen Verschmutzungen aus Wolpryla-Erzeugnissen. Dt. Textiltechnik **19** (1969) 11, S. 707–713.

Ernst, E., Schindling, G., Minnet, St.: Einflüsse der Veredlung auf den Ausfall und die Gebrauchstüchtigkeit von Strick- und Webwaren aus texturierten Diolen-Garnen. Teil 1. Teil 2. Wirk.- u. Strick.-Technik **19** (1969) 9, S. 826–828, 830–832, 834–839; 10, S. 880–890. Textil-Praxis **24** (1969) 9, S. 605–610.

Farbstoffe. Textilhilfsmittel

Newton, E. J.: Entwicklungen auf dem Gebiet der Farbstoffe und der Färberei. Internat. Dyer, Textile, Printer, Bleacher, Finisher **142** (1969) 2, S. 108–112, 114, 115.

Kobusch, V.: Emulgiermitteltabelle. Spinner, Weber, Textilveredlung **87** (1969) 10, S. 967–972.

Schiffner, R.: Textilhilfsmittel – Neuerscheinungen in der DDR. 1967/1968. Dt. Textiltechnik **19** (1969) 11, S. 714–715.

Janicke, W.: Über die Adaptationszeit beim amtlichen deutschen Meßverfahren zur Ermittlung des biologischen Abbaugrades von Tensiden. Fette, Seifen, Anstrichmittel/Ernährungsind. **71** (1969) 10, S. 843–849.

Gänssle, A., Hasenclever, K. D.: Optische Aufheller in der Chemischreinigung. Chemischreiniger u. Färber/Färber-Ztg. **22** (1969) 9, S. 440–448.

Jędrusiak, Z.: Klassifizierung der oberflächenaktiven Verbindungen nach dem HLB-System. Przegl. włókienn. (Textil-Rdsch.) **87** (1969) 7/8, S. 376–381.

Vaeck, S. V., Maes, E. C.: Die Bestimmung der Enzymaktivität von enzymhaltigen Waschmitteln. Fette, Seifen, Anstrichmittel/Ernährungsind. **71** (1969) 9, S. 770–777.

Bleicherei. Sonstige Vorbehandlungsarbeiten der Textilveredlung

Zeidman, R., Iliescu, E., Fuşcaşu, E.: Der Einfluß von Stabilisatoren auf das Bleichen von Zellstoffmaterialien mit Wasserstoffperoxid. Ind. textilă, Bucureşti **20** (1969) 8, S. 588–590.

Scheller, M., Gärtner, R.: Weißtönen von Polyesterseide. Dt. Textiltechnik **19** (1969) 10, S. 628–629.

Senner, P.: Die Entwässerung und Trocknung von Textilien. Textil-Praxis **24** (1969) 9, S. 610–615.

Färberei

Valko, E. I.: Grundlagen- und angewandte Forschung auf dem Gebiet der Färbeverfahren. Ein Überblick über die Leistungen und Bedürfnisse der Textilindustrie. Textile Res. J. **39** (1969) 8, S. 759–773.

Färben mit Remazol-Farbstoffen und Zellulosefasern nach dem Ausziehverfahren. Internat. Textil-Bull., Zürich, Weltausgabe: Färberei/Druckerei/Ausrüstung (1969) 1, S. 57–58, 61–62.

Franke, W.: Neues Färbeverfahren für texturierte Polyester-Strickstoff-Meterware. LSB-Luftinjektion auf HT-Baumfärbeapparaten. Z. ges. Textilind. **71** (1969) 9, S. 623–624.

Schäfer, J.: Kontinuierliches und halbkontinuierliches Färben von Polyester-Cellulosefaser-Mischgeweben mit Dispersions- und Reaktivfarbstoffen unter besonderer Berücksichtigung des Thermosol-Verfahrens. Teil 2. Textil-Praxis **24** (1969) 9, S. 600–605.
Beckmann, W.: Physikalisch-chemische Eigenschaften kationischer Farbstoffe und ihre Bedeutung für das Färben von Acrylfasern. Z. ges. Textilind. **71** (1969) 9, S. 603–608.
Morton, N. G.: Teppiche: Das Färben der Fasern und Garne für diesen Sonderhandel. Textile Manuf. **95** (1969) 1135, S. 289–293.

Druckerei

Schwindt, W.: Neue Verdickungsmittel — neue Möglichkeiten im Pigmentdruck. Textilveredlung, Weinfelden/Schweiz **4** (1969) 9, S. 698–701.
Fixiermöglichkeiten im Textildruck. Teil I (Dämpfer). Internat. Textil-Bull., Zürich, Weltausgabe: Färberei/Druckerei/Ausrüstung (1969) 1, S. 7–8, 13–14, 19–20, 23–24.
Argay, R., Bürgin, K.: Schablonengewebe im Filmdruck. Melliand Textilber. **50** (1969) 9, S. 1101–1106.
Zirker, G., Schulze, G., Blum, A.: Redoxkatalysatoren im Küpendruck. Melliand Textilber. **50** (1969) 9, S. 1096–1100.

Ausrüstung. Trocknung

Heinrich, C.: Moderne Appretur von Damenstrümpfen auf Colorplast. Hosiery Trade J. **76** (1969) 906, S. 105, 107, 108; 907, S. 116–118.
Sommer, E.: Konstruktion, Bedienung und Instandhaltung von Textilkalandern und Zylindern. Magyar Textiltechn. **21** (1969) 9, S. 491–493.
Wagner, I., Anghene, F., Solomon, I.: Einfluß des Dekatierens im Autoklaven auf die Qualität von Geweben aus Polyester/Wolle-Mischungen. Ind. textilă, Bucureşti **20** (1969) 9, S. 660–664.
Ausrüstungsfragen von Filtergeweben für Entstaubungsanlagen. Internat. Textil-Bull., Zürich, Weltausgabe: Färberei/Druckerei/Ausrüstung (1969) 1, S. 67–68.
Rößler, E.: Der derzeitige Stand der Wash-and-Wear-Ausrüstung von Synthetic/Baumwoll- und Zellwoll-Mischartikeln. Melliand Textilber. **50** (1969) 10, S. 1218–1222.
Chapman, A. J.: Die Verwendung und Möglichkeiten von Laminaten und Klebemitteln in Kleidungsstücken. Hosiery Times **42** (1969) 482, S. 79 bis 83, 103, 105.
Caldwell, J. B., Leach, S. J., Milligan, B.: Der Einfluß der Acylierung auf die Fixierung der Wolle. Textile Res. J. **39** (1969) 8, S. 705–710.
Park, J.: Entwicklung von pflegeleichten Wollstoffen. Internat. Dyer, Textile Printer, Bleacher, Finisher **142** (1969) 2, S. 115, 116, 119, 120, 123, 124.
Dietl, A., Nitzl, K.: Cellulosepfropfung mit Vinylmonomeren. Angew. makromol. Chemie, Basel **8** (1969) S. 153–166.
Lennox-Kerr, P.: Bondieren und Laminieren von Textilien. Z. ges. Textilind. **71** (1969) 9, S. 626–629; 10, S. 721–722.

Wäscherei. Chemische Reinigung

Kallies, J.: Entwicklungsgeschichte der Wäschereinigung. IV. Textilreinigung, Leipzig **16** (1969) 8, S. 228–233.
Schallert, G.: Textilklebetechnik in Wäschereien. Textilreinigung, Leipzig **16** (1969) 8, S. 237–238.
Kittel rationell gepreßt. Wäschereitechn. u. -chemie **22** (1969) 10, S. 480.

VI. Werkstoffprüfung. Meß- und Prüftechnik. Standardisierung

Wagner, E. F.: Die innere und äußere Oberfläche von textilen Fasern. Melliand Textilber. **50** (1969) 9, S. 1075–1081.

Eigenschaften und Fehler der Textilmaterialien u. a.

Gara, M., Szatlmayer, G.: Vergleichende Untersuchung der Netzwirkung von anionaktiven Tensiden. Kolor. Ertesitö, Budapest (Kolor. Rdsch.) **11** (1969) 7/8, S. 169–178.
Williams, M. J.: Einfluß der Alkalibehandlung auf native und denaturierte Proteine. Textile Res. J. **39** (1969) 8, S. 789–790.
Herrmann, E.: Statistik von Schadensfällen. Textilreinigung, Leipzig **16** (1969) 8, S. 227.
Fröhlich, H. G.: Chemisch-physikalische Kennwerte von Tierhaaren. 3. Mitteilung: Alpaka, Kaschmir und Kamelwolle. Z. ges. Textilind. **71** (1969) 9, S. 588–589.
Vaeck, S., V., Maes, E. C.: Einige Versuche zum Waschvermögen in wäßrigen und nichtwäßrigen Medien. II. Die optischen Eigenschaften in Dispersionen von Schmutzpartikeln. Tenside, München **6** (1969) 4, S. 189–192 (engl.).
Mathéné-Poros, K.: Probleme der Präparation von Chemiefasern. Kolor. Ertesitö, Budapest (Kolor. Rdsch.) **11** (1969) 7/8, S. 163–167.
Landwehr, R. C.: Elektrostatische Eigenschaften von Wolle und Mohair, mit Corona behandelt. Textile Res. J. **39** (1969) 8, S. 792–793.
Vail, S. L.: Die Beziehung zwischen Reaktionsfähigkeit und Hydrolyse in der chemischen Ausrüstung von Baumwolle. Textile Res. J. **39** (1969) 8, S. 774–780.
Hünicke, U.-D.: Beseitigung von elektrostatischen Aufladungen bei Plasten durch Röntgenbestrahlung. Plaste u. Kautschuk **16** (1969) 10, S. 741–743.
Coates, E.: Aggregation von Farbstoffen in wäßrigen Lösungen. J. Soc. Dyers Colourists **85** (1969) 8, S. 355–368.
Rattee, I. D., Murthy, K. S.: Einfluß der Temperatur auf die Hydrolysekinetik von Dichlortriazinyl-Reaktivfarbstoffen. J. Soc. Dyers Colourists **85** (1969) 8, S. 368–372.
Druri, M., Osadowski, S.: Analyse eines Kettengewirkes aus texturiertem Polyamidgarn. Przegl. włókienn. (Textil-Rdsch.) **87** (1969) 7/8, S. 368–373.
Leaver, I. H., Ramsay, G. C.: Untersuchungen über das Vergilben der Wolle. Teil XXVI. Lichtvergilbung von Wollen, die mit fluoreszierenden Mitteln aufgehellt wurden. Untersuchungen der Wellenlänge und der Elektronen-Spin-Resonanz. Teil XXVII. Die Bedeutung des Wassers bei der Lichtvergilbung aufgehellter Wolle. Textile Res. J. **39** (1969) 8, S. 722–729; 730–733.

Meß- und Prüftechnik

50 Jahre Textilprüfgeräte der Firma Hahn. Dt. Textiltechnik **19** (1969) 11, S. 718–721.
Azzola, F. K., Grunert, H.: Elektronenmikroskopische Untersuchung der Faseroberflächen eines Blue-Denim-Artikels im geschlichteten, verwebten und appretierten Zustand. Textilveredlung, Weinfelden/Schweiz **4** (1969) 9, S. 691–698.

Wlodarski, G., Mrozowski, M., Kozłowski, W., Balcerzyk, E.: Zusammenhänge zwischen dem technischen Schrumpf und der physikalischen Struktur der Polyäthylenterephthalatfaserstoffe. Przegl. włókienn. (Textil-Rdsch.) **23** (1969) 7/8, S. 345–348.
Neuhaus, L.: Reibwert-Waage für paraffinierte Garne. Textil-Praxis **24** (1969) 9, S. 577–579.
Jaworska, E., Zielinski, W.: Bestimmung von bei der Einwirkung von γ-Strahlung auf Polyäthylenterephthalat-Faserstoff entstehenden Peroxiden. Polimery, Warszawa **14** (1969) 6, S. 284–285.
Kolaciński, T.: Analyse der Faseranordnung im Zweikomponentengarn nach der Methode des rechtwinkligen Netzes. Przegl. włókienn. (Textil-Rdsch.) **23** (1969) 7/8, S. 348–353.
Pittman, R. A., Tallant, J. D.: Modelle für zufällig verteilte Faserbrüche. Textile Res. J. **39** (1969) 8, S. 787–789.
Kärrholm, M., Bostwick, C. O., Silén, G.: Einfluß der Temperatur und Feuchtigkeitsänderungen auf das Knittern von Wollgeweben. Textile Res. J. **39** (1969) 8, S. 795–796.
Fuchs, O.: Methoden zur Untersuchung von Kunststoffen. Teil 1: Unterschiede zwischen nieder- und hochmolekularen Verbindungen. GIT. Fachz. Laboratorium **13** (1969) 9, S. 943–946.
Lepie, A. H.: Mit erzwungenen Schwingungen arbeitendes Zug- und Torsionsprüfgerät für Kunststoffe unter Zugbeanspruchung. Rev. sci. Instrum. **40** (1969) 8, S. 1004–1007.
Hol, P. A. H. M., de Kock, R. J.: Eine einfache Vorrichtung für Routinemessungen der Oxydationsstabilität von Polymeren durch Oxylumineszenz. J. sci. Instruments/J. Physics E **2** (1969) 9, S. 812–813.
Müller-Rossow, K.: Über die Stellung der Qualitätssteuerung in einem Betrieb. Teil 2. ZsF. Z. wirtsch. Fertigung **64** (1969) 9, S. 509–512.

Standardisierung. Terminologie

De Meulemeester, D.: Über die Annahme der Größe „Kraftlänge". Ann. sci. textiles belges (1969) 2, S. 7–15.
Krieg, K. G.: Steuerung der Normung durch Netzplantechnik. DIN-Mitt. **48** (1969) 9, S. 309–321.
Vorschläge für Übergangslösung bis Inkrafttreten des Textilkennzeichnungsgesetzes. Wirk.- u. Strick.-Technik **19** (1969) 9, S. 842–845.

VII. Betriebstechnik. Ökonomie. Tagungsberichte und dgl., Sonderfragen

Betriebstechnik

Minder, F.: Systems Engineering in der Datenverarbeitung. Ind. Organis., Zürich **38** (1969) 9, S. 391–394.
Warnke, H.: Revolution oder Evolution — Stand des Einsatzes der Electronics im Maschenbetrieb. Wirk.- u. Strick.-Technik **19** (1969) 9, S. 797 bis 801.
Boone, W. F.: Sich einstellen auf Computer-Steuerung. Textile World **119** (1969) 7, S. 137, 141, 145.
Koller, K. Fr.: Angewandte Arbeitsgestaltung in der Bekleidungsindustrie. Bekleid. u. Wäsche **21** (1969) 17, S. 1340–1341.
Werth, M.: Das Fluicon-Verfahren. Spinner, Weber, Textilveredlung **87** (1969) 10, S. 960–961.
Handel, G.: Einführung in der Regelungstechnik. I bis V. Z. ges. Textilind. **70** (1968) 12, S. 886–890; **71** (1969) 4, S. 264–269; 6, S. 409–414; 8, S. 534–538; 10, S. 705–710.
Das „Franchise-System" in der Chemisch-Reinigung. Reiniger-Rev./Chem. Reinigung/Färberei **12** (1969) 9, S. 324–325; 10, S. 366.
Ziesling, K.: Die Druckluftverdichteranlage für Spinnerei und Weberei. Spinner, Weber, Textilveredlung **87** (1969) 9, S. 829–835.

Ökonomie

Klinger, H.: Erste Ergebnisse aus der Arbeit der Forschungsgruppen der Sektion Sozialistische Betriebswirtschaft der TU Dresden. Dt. Textiltechnik **19** (1969) 11, S. 722–727.
Schubert, E.: Preisformen und ihre Anwendung im ökonomischen System des Sozialismus. Fertigungstechnik u. Betrieb **19** (1969) 10, S. 600–605.
Schindowski, E.: Anwendung der Waldschen Folgeprüfung in der Kontrollkartentechnik — Die Summenkontrollkarte. Fertigungstechnik u. Betrieb **19** (1969) 10, S. 612–615.
Winzor, J.: Das Kosten-Nutzen-Verhältnis der Wertanalyse. Ind. Organis., Zürich **38** (1969) 10, S. 444–453.
Frana, A.: Ermittlung des Bedarfs an Arbeitskräften durch Methoden der Operationsforschung. Arbeit u. Arbeitsrecht **24** (1969) 20, S. 621–625.
Cigusiericí, D.: Iterativbefragung im Experiment. Wirtschaft, Ausg. A **24** (1969) 43, S. 22.
Überblick über die Weltchemiefaserproduktion. Textile Organon **40** (1969) 6, S. 89–120.
PVC-Produzenten haben gute Geschäfte in Aussicht. Chem. engng. News **47** (1969) 32, S. 18–19.
Celluloseacetobutyrat zeigt langsam stetigen Produktionszuwachs und dringt in neue Märkte ein. Chem. engng. News **47** (1969) 30, S. 15–16.
Blackburn, J. A.: Die sich verändernde Struktur der Baumwoll- und Chemiefaserveredlungsindusrtie. J. Soc. Dyers Colourists **85** (1969) 8, S. 349 bis 355.
Mi nik, S.: Polnische Polymerindustrie 1944 bis 1969. Polimery, Warszawa **14** (1969) 7, S. 313–314.
Nowcorytko, H.: Stand der Polymerindustrie in Polen und ihre Entwicklungsaussichten. Polimery, Warszawa **14** (1969) 7, S. 319–320.

Sonderfragen

Beral, E., Zapan, M.: Dokumentation und technische Bücher auf dem Gebiete der Chemie (1944 bis 1969). Rev. Chimie, Bucureşti **20** (1969) 8, S. 498–501.
Vlădut, N., Demetrescu, M.: Aktuelle Probleme bei der Verwertung der Ergebnisse wissenschaftlicher Forschung. Ind. textilă, Bucureşti **20** (1969) 9, S. 625–629.
Hackstein, R.: Aktuelle Bemühungen um die Weiterbildung von technischen Führungskräften. Melliand Textilber. **50** (1969) 10, S. 1236–1243.
Kranich, W.: Wie sollte der Leiter Aufgaben übertragen? Wirtschaft, Ausg. A **24** (1969) 43, S. 6–7.
Snia Viscosa setzt stärker auf Synthesefasern. Chem. Ind., Düsseldorf **21** (1969) 8, S. 534–536.
Ingenieurabschlußarbeiten kurz referiert. Textilfeinigung, Leipzig **16** (1969) 8, S. 234–236.

KURT THINIUS

Stabilisierung und Alterung von Plastwerkstoffen

Band I: Stabilisierung und Stabilisatoren von Plastwerkstoffen

1969. 720 Seiten · 80 Abbildungen · 58 Tabellen · gr. 8° · Leinen M 84,—

Entgegen der auch heute noch vielfach geäußerten Auffassung, daß der überwiegende Teil der produzierten Plastwerkstoffe dazu bestimmt sein soll, andere knappe und teuere Roh- und Werkstoffe zu ersetzen, ist es vielmehr die Aufgabe der im Industriezweig und der Forschung der Plastwerkstoffe Tätigen, sich weiter darum zu bemühen, diese Gruppe der organischen Werkstoffe in höchstmöglichem Maße überall dort einzusetzen, wo sie es vom technischen Standpunkt ihre Werkstoffeigenschaften erlauben oder geradezu fordern. Sie sollen hier einen hohen volkswirtschaftlichen Nutzen bringen und soweit wie nur irgendmöglich auch eine Einsparung an gesellschaftlicher Arbeit erzielen.
Der wirklich erreichbare wirtschaftliche Nutzeffekt der Plastformstoffe ist oft schwierig zu ermitteln. Er wird sich in den allerseltensten Fällen auf einen Betrieb beschränken oder beziehen lassen.
Eine sehr fundierte Werkstoffkunde mit den für die Plastwerkstoffe in ihrer Gebrauchsform des Plastformstoffes charakteristischen Vorgängen, Zuständen und Erscheinungen, für die es sich bei allen Sprachgebieten seit langem eingebürgert hat, den Begriff der Alterung zu gebrauchen, wird sich demgemäß als eine unabdingbare Notwendigkeit für die Erreichung des oben skizzierten gesellschaftlichen Zieles ergeben.
In dem Bestreben, hierbei den Wissenschaftlern, Technikern, Ingenieuren, Neuerern ein wenig zu helfen, ist das Buch über die Stabilisierung und Alterung der Plastwerkstoffe entstanden. Es schöpft aus einer fast 40jährigen wissenschaftlichen wie technologischen Bearbeitung mit Problemen der Stabilität und Stabilisierung des Makromoleküls, den Beeinflussungsmöglichkeiten dieser Eigenschaften durch Stabilisatoren sowie mit den Problemen der Dauerstandfestigkeit der aus dem Makromolekül herstellbaren Plastformstoffe.
Es sollte versucht werden, unter bewußtem Verzicht auf eine absolut erschöpfende Erfassung des einschlägigen Welt-Schrifttums, die grundlegenden Regelmäßigkeiten zu den Problemen der Stabilitätsverbesserung beim Aufbau des Makromoleküls selbst, wie auch durch verarbeitungstechnische Sorgfalt und Stabilisatoren darzulegen und auch aufzuzeigen, welche Grenzen der Einsatzfähigkeit den derzeitigen Plastformstoffen aus ihren Eigenschaften und ihren Wandlungsfähigkeiten her gegeben sind und wie die Bedingungen des sinnvollen Gebrauchs das Makromolekül beeinflussen.
Dieses Buch soll in seinem doppelten Charakter als Hand- und Nachschlagebuch wie auch als Lehrbuch für die Studentenschaft und den Kreis der Postgradualen dazu beitragen, die im Prognosezeitraum sehr weitgesteckten Ziele unserer Plastindustrie erreichen zu helfen.

Bestellungen durch eine Buchhandlung erbeten

THEORIA CUM PRAXI

AKADEMIE-VERLAG · BERLIN

31712

FSC
www.fsc.org
MIX
Papier | Fördert gute Waldnutzung
FSC® C083411

Zeitfracht Medien GmbH
Ferdinand-Jühlke-Straße 7
99095 Erfurt, Deutschland
produktsicherheit@kolibri360.de